高等职业教育水利类"十三五"系列教材

湖南省示范特色专业群建设系列成果

水闸基础知识与案例分析

主　编　王　晶

副主编　张　静　肖慧芳　冯思佳

主　审　刘咏梅

中国水利水电出版社

www.waterpub.com.cn

·北京·

内 容 提 要

本教材是水利水电类专业的一门专业核心技能课程，其基本任务是在掌握水闸基础知识的基础上以一具体工程实例为主线，引导学生掌握水闸工程的整个设计过程。本教材从水文、地质等基础资料出发，论述水闸的工作特点、形式、结构与构造、功能、设计基本原理等知识，使学生具备对水闸工程的设计、识图并计算工程量的能力。为学生专业技能和岗位能力的培养奠定基础，使其成为水利工程设计、施工、概预算、管理一线的高素质技能型人才。

本教材可作为高职高专水利水电类专业和成人教育水利水电类专业的教材，也可供水利水电工程设计及施工技术人员参考。

图书在版编目（CIP）数据

水闸基础知识与案例分析 / 王晶主编. -- 北京：
中国水利水电出版社，2018.8（2021.7重印）
高等职业教育水利类"十三五"系列教材　湖南省示
范特色专业群建设系列成果
ISBN 978-7-5170-6629-3

Ⅰ．①水… Ⅱ．①王… Ⅲ．①水闸－水利工程－高等
职业教育－教材 Ⅳ．①TV66

中国版本图书馆CIP数据核字（2018）第152635号

书　名	高等职业教育水利类"十三五"系列教材 湖南省示范特色专业群建设系列成果 **水闸基础知识与案例分析** SHUIZHA JICHU ZHISHI YU ANLI FENXI
作　者	主编　王晶 副主编　张　静　肖慧芳　冯思佳 主审　刘咏梅
出版发行	中国水利水电出版社 （北京市海淀区玉渊潭南路1号D座　100038） 网址：www.waterpub.com.cn E-mail：sales@waterpub.com.cn 电话：（010）68367658（营销中心）
经　售	北京科水图书销售中心（零售） 电话：（010）88383994、63202643、68545874 全国各地新华书店和相关出版物销售网点
排　版	中国水利水电出版社微机排版中心
印　刷	北京瑞斯通印务发展有限公司
规　格	184mm×260mm　16开本　7.75印张　184千字
版　次	2018年8月第1版　2021年7月第2次印刷
印　数	2001—5000册
定　价	**28.00元**

前　言

　　水闸是为城市供水、工农业生产供水、防洪、防潮、排涝等方面服务的重要基础设施，在经济社会发展中发挥着重要作用。当今，为使生态水利工程建设与城市规划建设协同发展，达到"城市双修"的目的，在城郊河流上改建或新建水闸，扩大上游水面，并在水闸上部增设景观风雨廊桥，形成天然人工湖亭景观工程，达到水资源与生态环境良好结合的目的。

　　第一次全国水利普查公报显示，在规模以上水闸中，已建水闸97019座，其中大型水闸860座，中型水闸6332座，小型水闸89827座（按过闸流量大小划分）。全国大中型水闸保护耕地1.54亿亩，保护人口1.14亿。

　　我国大部分水闸修建于20世纪50—70年代，受当时技术条件等限制，采用"三边"方式建设，施工质量差，加上后期运行管理不善，经过几十年的运行，出现防洪标准低、闸室结构混凝土老化、闸下游消能防冲设施冲毁、闸基漏水渗流不稳定等病险问题。这些险情的存在不仅影响水闸安全运行，减弱了水闸的效益，更削弱了水闸的防洪除涝功能，对水闸上下游防洪安全构成严重威胁。

　　2013年2月，国家发展改革委、水利部印发《全国大中型病险水闸除险加固总体方案》，明确对全国2622座大中型病险水闸进行除险加固，以恢复或提高规划内水闸的建设标准，保证水闸功能长期正常发挥。2014年3月水利部印发了《关于加强河湖管理工作的指导意见》，其意义在于确保河湖的资源功能和生态功能，全面提升河湖管理水平，促进河湖休养生息，维护河湖健康生命，推进水生态文明建设。2015年2月，水利部公布了全国大中型病险水闸除险加固工作责任单位和责任人名单，要求建立健全大中型病险水闸除险加固责任制，加快大中型水闸除险加固进度和便于工程建设管理，确保工程建设质量和安全。目前，水闸除险加固成为水利工程建设的主要任务之一。为适应水利工程发展的需要，编写本教材。

　　本教材是湖南水利水电职业技术学院水利建设与管理特色专业群建设水工建筑物系列教材之一，包括引例基本资料和12个任务：任务一至任务八以实际工程为例，系统地介绍了水闸的设计过程；任务九橡胶坝和任务十自动翻板闸是水闸的外延，其共同特点均为底板结构相同的低水头过坝建筑物；任务十一船闸是水闸的拓展内容；任务十二识读水闸主体工程图，列举水闸主体工程量的计算。本教材由王晶主编，刘咏梅教授主审，张静、肖慧芳、冯思佳任副主编。具体编写分工：引例基本资料及任务一至任务六由王晶编写，任务七和任务八由肖慧芳编写，任务九由冯思佳编写，任务十至任务十二由张静编写。

由于编写水平有限，书中难免存在错误和疏漏，恳请广大读者批评指正。

编者

2018 年 5 月

目　录

引 例 基 本 资 料

本工程位于某县城郊外，是某河流梯级开发中最末一级工程。

该河属于稳定性河流，河面宽约 100m，深约 8～11m。由于河床下切较深又无适当控制工程，雨季地表径流自由流走，影响两岸的农业灌溉和人畜用水。为解决当地下游两岸农田的灌溉问题，根据规划，在河道上修建拦河闸挡水枢纽工程。

拦河闸所担负的任务是：正常情况下拦河蓄水，抬高水位以利灌溉；洪水时开闸泄水，以保安全。

本工程建成后，可利用河道一次蓄水 400 万 m^3，调蓄水至两岸沟塘，同时补给地下水，有利于灌溉和人畜用水，初步解决 8 万亩农田的灌溉问题并为工业生产、人畜用水提供足够的水源，同时对渔业、航运业的发展是有利的。

工程位于县城郊外，地理位置良好，可以以"河湖综合治理"为基础，通过提升河湖水环境、修复与保护水生态、修建涉水景观、完善涉水市政、建设人工湿地等措施，与生态修复、城市修补的"城市双修"手段相结合，治理"城市病"，从而改善县城人居环境、转变该城市的发展方式。因此，修建该拦河闸意义重大。

一、水文

1. 气温

工程所在流域处于亚热带气候区，湿热多雨，冬冷夏热，冬干夏湿，热量不足，雨量充沛，四季分明，雨量集中于春夏，具有副热带大陆季风性气候的特色。据县气象站 1959—2015 年实测资料统计，多年平均气温 16.7℃，历年最高气温 39.7℃（1991 年 7 月 21 日），历年最低气温 −10.8℃（1991 年 12 月 29 日）。

多年平均蒸发量 1384.2mm。多年平均无霜期 272 天，日平均气温高于 10℃的活动积温达 5300℃，日平均气温稳定于 20℃的初日在 5 月中旬，终日至 9 月底，多年平均日照 1736h。

2. 降雨与径流

流域多年平均降水量 1389mm，最大的年降雨量达 2058.4mm（1962 年），年最大洪水多发生在每年的 4—8 月，其中 5 月、6 月洪水发生概率达 90％以上。

非汛期（10 月至次年 4 月）7 个月，月平均最大流量 10.1m³/s；汛期（5—9 月）5 个月，月平均最大流量 149m³/s。年平均最大流量 29.2m³/s，最大年径流总量为 4.25 亿 m^3。

3. 风速

汛期多年平均最大风速 $v=14.6\text{m/s}$，多年平均风速 2.7m/s，最大风速 29m/s，风向为北风，吹程 $D=0.6\text{km}$。

4. 冰冻

闸址处河水无冰冻现象。

二、地质

1. 地形

闸址处于平原型河段，两岸地势平坦，地面高程为41.00m左右，河床坡降平缓，纵坡约为1/5000，河床平均高程为30.00m，主河槽宽度为80～100m，河滩宽平，河床呈复式横断面，河流比较顺直。

2. 地质条件

根据钻孔揭露闸址地层属河流冲积相，河床部分地层属第四纪更新世 Q_3 与第四纪全新世 Q_4 地层交错出现，闸址两岸高程在41.00m左右。

闸址处地层分布情况见表0-1。

表0-1　　　　　　　　　　闸址处地层分布情况表

土质名称	重粉质砂壤土	细　砂	中　砂	中粉质壤土	重粉质壤土
分布范围由上而下	河床表面（高程30.00m）以下深约1.5m	高程28.50m以下，厚度约1.0m	高程27.50m以下，厚度约2.0m	高程25.50m以下，厚度约3.5m	高程22.00m以下

3. 土的物理、力学性质指标

土的物理、力学性质指标见表0-2和表0-3。

表0-2　　　　　　　　　　土的物理性质指标表　　　　　　　　单位：kN/m^3

湿重度	饱和重度	浮重度	细砂比重	细砂干重度
19	21	11	27	15

表0-3　　　　　　　　　　土的力学性质指标表

内摩擦角	允许承载力	摩擦系数	不均匀系数	渗透系数/(cm/s)
自然含水量时 $\varphi=28°$	$[\sigma]=200kN/m^2$	混凝土、砌石与密实重粉质壤土土基的摩擦系数为 $f=0.45$	黏土 $[\eta]=1.5\sim2.0$	中细砂层 $k=5\times10^{-3}$
饱和含水量时 $\varphi=25°$			砂土 $[\eta]=2.4$	以下土层 $k=5\times10^{-5}$

三、建筑材料

1. 土料

云山土料场，位于闸坝下游右岸的云山村，分布高程60.00～70.00m。地表有杂树等植被，料场边缘有民房，剥离层平均厚度0.5m，有用层平均厚度3.0m。有用层为红色残积堆积（Q^{el}）的粉质黏土，呈可塑～硬塑状态，推荐物理力学指标：最大干密度为1.58g/cm³，最优含水量为22.0%，孔隙比 $e=0.680$，内摩擦角 $\varphi=20°$，凝聚力 $c=25kPa$，渗透系数 $k=7.5\times10^{-6}$ cm/s，压缩模量5.0MPa。质量好，储量3万 m³ 以上，料场有乡村公路连接到闸坝右岸，平均运距6km，开采运输条件较好。

2. 块石料

天井冲块石料场位于闸坝下游右岸麦田乡天井冲，料场山体雄厚，剥离层厚0.5m，天然露头良好。岩性为泥盆系（D_{2q}）和石炭系（C_1）的中厚～厚层状灰岩，岩石坚硬，完整性较好，弱风化～新鲜状，力学强度高，成块率高，质量好，储量丰富，多达2万m³以上，开采较方便，有公路直达工程区，运输条件较好，平均运距15km。

3. 砂砾石料

工程区河道内没有具备规模开采的砂砾石料场，所需砂砾石料需购买。横市砂石场可供应各种级配的砂和骨料，质量好，料源丰富。公路运输较便利，平均运距8km。

水泥、钢筋等其他材料到县城采购。

四、施工条件

1. 施工工期

施工工期为两年，利用两个枯水期进行水下主体工程施工。

2. 施工交通

闸址处右岸村级公路可直达闸坝，施工方便。混凝土、水泥、油料、钢材等建筑材料在县城采购，用汽车运输至工地；木材在当地采购。土料、块石料和砂石料来自附近，运输方便。施工用水可从河里抽取；生活用水可直接采用当地居民自来水；施工用电从下游0.8km高压线路经变压器降压取得。闸址距县城14km，附近公路经过，交通便利。

五、批准的规划成果

为解决下游农田的灌溉问题，需在某河右岸修建进水闸取水，对应需在某河上建拦河水闸，构成以拦河水闸为主体的低灌区引水枢纽。

根据地形地质等条件选择合适的闸址。确定水闸闸址的位置后，根据1:10000地形图分析拦河水闸闸址以上流域面积301km²。水闸设计灌溉范围涉及县城的5个乡镇28个行政村，灌溉农田面积8万亩，保护下游耕地3.2万亩，保护下游人口4.6万人。

根据SL 252—2017《水利水电工程等级划分及洪水标准》的规定，水闸枢纽工程等别为Ⅲ等，主要建筑级别为3级；防洪标准，设计洪水标准为30年一遇，校核洪水标准为100年一遇。

1. 设计洪水

利用水闸附近水文站实测暴雨资料推求设计洪水，水闸各频率洪水成果见表0-4。

表0-4　　　　　　　　　　　　水闸各频率洪水成果表

频率	$P=1\%$	$P=2\%$	$P=3.33\%$	$P=5\%$
设计洪水/(m³/s)	1348	1092	978	886

2. 水位-流量关系曲线

该水闸位置处无实测水位-流量关系，采用下游实测断面结合明渠均匀流公式，建立水闸下游的水位-流量关系，成果见表0-5。水位-流量关系图如图0-1所示。

表0-5　　　　　　　　　　　　水闸下游水位-流量关系表

水位 Z/m	31	32	33	34	35	36	37	38	39	40	40.5
流量 Q/(m³/s)	21	67	132	214	313	438	595	775	978	1258	1487

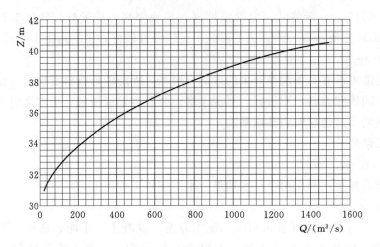

图 0-1 水位-流量关系图

任务一 水闸概述

知识要求：掌握水闸的定义、工作特点和类型以及水闸的组成，掌握水闸基本设计内容和设计思路，掌握水闸等级划分的依据。

技能要求：会分析实际工程中的水闸所属类型，会确定水闸等级及相应防洪标准。

子任务一 水闸的认识

水闸是一种利用闸门的启闭来调节水位、控制流量的低水头水工建筑物，具有挡水和泄水的双重功能。它是农田水利中的龙头工程，常与堤坝、水电站、泵站、船闸、鱼道等建筑物组成水利枢纽，以满足防洪、泄洪、航运、灌溉以及发电的要求。

中华人民共和国成立以来，为防洪、排涝、灌溉、挡潮以及供水、发电等各种目的，修建了几千座大中型水闸和难以数计的小型涵闸，促进了工农业生产的不断发展，给国民经济带来了很大的效益，并积累了丰富的工程经验。第一次全国水利普查（2010—2012年）公报显示，全国规模以上水闸已建97019座，按过闸流量大小划分，大型水闸860座，中型水闸6332座，小型水闸89827座。1988年建成的长江葛洲坝水利枢纽，其中的二江泄洪闸，共27孔，闸高33m，最大泄量达83900m³/s，位居全国之首，运行情况良好。目前世界上最高和规模最大的荷兰东斯海尔德挡潮闸，共63孔，闸高53m，闸身净长3000m，连同两端的海堤，全长4425m，被誉为海上长城。

我国大多数水闸建成于20世纪50—70年代。由于建设、运行、管理及环境等方面的原因，目前水闸存在着各种安全隐患。据不完全统计，我国水闸的病险比例高达2/3。2013年2月，国家发展改革委、水利部印发《全国大中型病险水闸除险加固总体方案》，明确对全国2622座大中型病险水闸进行除险加固，以恢复或提高规划内水闸的建设标准，保证水闸功能长期正常发挥。2015年2月，水利部公布了全国大中型病险水闸除险加固工作责任单位和责任人名单，要求建立健全大中型病险水闸除险加固责任制，加快大中型水闸除险加固进度和便于工程建设管理，确保工程建设质量和安全。目前，水闸除险加固成为水利工程建设的主要任务之一。

目前我国水闸存在的病险种类繁多，从水闸的作用及结构组成来说，主要有以下9种病险问题：①防洪标准偏低；②水闸下游消能防冲设施损坏；③闸室和翼墙存在整体稳定问题；④闸基和两岸渗流破坏；⑤建筑物结构老化损害严重；⑥闸门和启闭设施老化；⑦上下游淤积及闸室磨蚀严重；⑧水闸抗震不满足规范要求；⑨管理设施问题。在以上病险情况中，最重要的安全隐患就是水闸下游消能防冲设施损坏。目前有较多拦河水闸消能设施被洪水冲毁，甚至还形成几米至十几米深的冲刷坑，严重危及闸坝主体工程安全，如图1-1所示。

图 1-1　水闸下游消力池冲毁

一、水闸的类型

水闸的种类很多，通常按其所承担的任务和闸室的结构形式来进行分类。

（一）按水闸所承担的任务分类

1. 节制闸（或拦河闸、泄洪闸）

拦河或在渠道上建造。枯水期用以拦截河道，抬高水位，以利上游取水或航运；洪水期则开闸泄洪，控制下泄流量。位于河道上的节制闸也称为拦河闸，如图 1-2 所示。

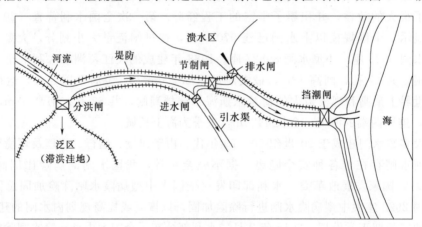

图 1-2　水闸的类型及位置示意图

2. 进水闸

进水闸建在河道、水库或湖泊的岸边，用来控制引水流量，以满足灌溉、发电或供水的需要。进水闸又称取水闸或渠首闸，通常与拦河水闸配套实现引水功能，如图 1-2 所示。

3. 分洪闸

分洪闸常建于河道的一侧，用来将超过下游河道安全泄量的洪水泄入预定的湖泊或洼地，及时削减洪峰，保证下游河道的安全，如图 1-2 所示。

4. 排水闸

排水闸常建于江河沿岸，外河水位上涨时关闸以防外水倒灌，外河水位下降时开闸排水，排除两岸低洼地区的涝渍。该闸具有双向挡水，有时双向过流的特点。排水闸属于穿堤建筑物，与堤坝下的涵管配套实现排水功能，这种涵管与水闸组成的建筑物叫涵闸。如图1-2所示。

5. 挡潮闸

挡潮闸建在入海河口附近，涨潮时关闸不使海水沿河上溯，退潮时开闸泄水。挡潮闸具有双向挡水的特点，如图1-2所示。

6. 分水闸

分水闸是干渠以下各级渠道渠首控制并分配流量的水闸，只起到分流作用，如图1-3所示。

图1-3　分水闸位置示意图

此外，还有为排除泥沙、冰块、漂浮物等而设置的排沙闸、排冰闸、排污闸等。

（二）按闸室结构形式分类

1. 开敞式水闸

开敞式水闸是闸室上面不填土封闭的水闸（图1-4）。一般有泄洪、排水、过木等要求时，多采用不带胸墙的开敞式水闸［图1-4（a）］，多用于拦河闸、排冰闸等；当上游水位变幅大，而下泄流量又有限制时，为避免闸门过高，常采用带胸墙的开敞式水闸，如进水闸、排水闸、挡潮闸多用这种形式［图1-4（b）］。

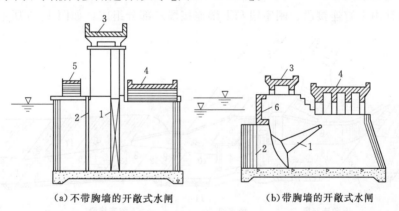

（a）不带胸墙的开敞式水闸　　　　　　（b）带胸墙的开敞式水闸

图1-4　开敞式水闸

1—工作闸门；2—检修闸门；3—工作桥；4—交通桥；5—检修桥；6—胸墙

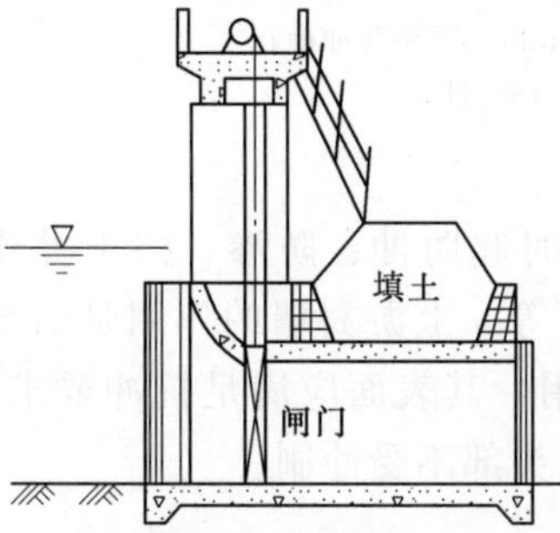

2. 涵洞式水闸（简称涵闸）

涵洞式水闸是闸（洞）身上面填土封闭的水闸（图1-5），又称封闭式水闸，常用于穿堤取水或排水的水闸。

二、水闸的工作特点

水闸既能挡水，又能泄水，且多修建在软土地基上，因而它在稳定、防渗、消能防冲及沉降等方面都有其自身的特点。

1. 稳定方面

关门挡水时，水闸上、下游较大的水位差造成较大的水

图1-5　封闭式水闸

平推力，使水闸有可能沿建基面产生向下游的滑动，为此，水闸必须具有足够的重力，以维持自身的稳定。

2. 防渗方面

因上下游水位差的作用，水将通过地基和两岸向下游渗流。渗流会引起水量损失，同时地基土在渗流作用下，容易产生渗透变形。严重时闸基和两岸的土壤会被淘空，危及水闸安全。渗流对闸室和两岸连接建筑物的稳定不利。因此，应妥善进行防渗设计。

3. 消能防冲方面

水闸开闸泄水时，在上、下游水位差的作用下，过闸水流往往具有较大的动能，流态也较复杂，而土质河床的抗冲能力较低，可能引起冲刷。此外，水闸下游常出现波状水跃和折冲水流，会进一步加剧对河床和两岸的淘刷。因此，设计水闸除应保证闸室具有足够的过水能力外，还必须采取有效的消能防冲措施，以防止河道产生有害的冲刷。

4. 沉降方面

土基上建闸，由于土基的压缩性大，抗剪强度低，在闸室的重力和外部荷载作用下，可能产生较大的沉降，影响正常使用。尤其是不均匀沉降会导致水闸倾斜，甚至断裂。在水闸设计时，必须合理地选择闸型、构造，安排好施工程序，采取必要的地基处理等措施，以减少过大的地基沉降和不均匀沉降。

三、水闸的组成

水闸通常由上游连接段、闸室段和下游连接段三部分组成，如图 1-6 所示。

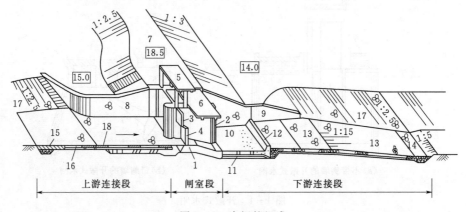

图 1-6 水闸的组成

1—闸室底板；2—闸墩；3—胸墙；4—闸门；5—工作桥；6—交通桥；7—堤顶；8—上游翼墙；
9—下游翼墙；10—护坦；11—排水孔；12—消力坎；13—海漫；14—下游防冲槽；
15—上游防冲槽；16—上游护底；17—上、下游护坡；18—铺盖

（一）上游连接段

上游连接段的主要作用是引导水流平稳地进入闸室，同时起防冲、防渗、挡土等作用。一般包括上游翼墙、铺盖、护底、两岸护坡及上游防冲槽等。上游翼墙的作用是引导水流平顺地进入闸孔并起侧向防渗作用。铺盖主要起防渗作用，其表面应满足抗冲要求。护坡、护底和上游防冲槽（齿墙）保护两岸土质、河床及铺盖头部不受冲刷。

（二）闸室段

闸室段是水闸的主体部分，通常包括底板、闸墩、闸门、胸墙、工作桥及交通桥等

（图1-7）。底板是闸室的基础，承受闸室全部荷载，并较均匀地传给地基，此外，还有防冲、防渗等作用。闸墩的作用是分隔闸孔并支承闸门、工作桥等上部结构。闸门的作用是挡水和控制下泄水流。工作桥的作用是安置启闭机和工作人员操作启闭机。交通桥的作用是连接两岸交通。

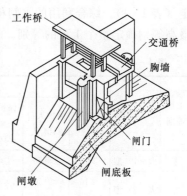

图1-7 闸室组成示意图

（三）下游连接段

下游连接段具有消能和扩散水流的作用。一般包括消力池（护坦）、海漫、下游防冲槽、下游翼墙及护坡等。下游翼墙引导水流均匀扩散兼有防冲及侧向防渗等作用。消力池具有消能防冲作用。海漫的作用是进一步消除消力池出流的剩余动能，扩散水流，调整流速分布，防止河床受冲。下游防冲槽是海漫末端的防护设施，避免冲刷向上游扩展。

子任务二 水 闸 设 计 思 路

一、基本资料

水闸设计应认真搜集和整理各项基本资料。选用的基本资料应准确可靠，满足设计要求。水闸设计所需要的各项基本资料主要包括闸址处的气象、水文、地形、地质、试验资料以及工程施工条件、运用要求，所在地区的生态环境、社会经济状况等。

对除险加固水闸，应进行工程现状调查分析，对现有混凝土和金属结构进行检测，以安全鉴定的形式确定水闸的类别。

二、设计依据

水闸设计应从实际出发，广泛吸取工程实践经验，进行必要的科学实验，积极采用新结构、新技术、新材料、新设备。做到技术先进、安全可靠、经济合理、实用耐久、管理方便。水闸设计应符合SL 265—2016《水闸设计规范》和现行的有关标准的规定。除险加固水闸需依据前一阶段的经上级主管部门批准的安全鉴定报告。

三、设计内容

水闸设计的内容有闸址选择，确定孔口形式和尺寸，防渗、排水设计，消能防冲设计，稳定计算，沉降校核和地基处理，选择两岸连接建筑物的形式和尺寸，结构设计等。

对病险水闸进行除险加固时，需先根据SL 214—2015《水闸安全评价导则》进行安全鉴定，由水行政主管部门的安全鉴定结论确定水闸除险加固初步设计（即加固方案），最后进行施工图设计。

子任务三 水 闸 等 级 划 分

一、工程等别及建筑物级别

水闸枢纽工程等别应按SL 252—2017《水利水电工程等级划分及洪水标准》的规定确

定（表1-1）。综合利用的水闸枢纽工程，当按其各项用途分别确定等别时，应按其中的最高等别确定整个工程的等别。

表1-1   水利水电工程分等指标

工程等别	工程规模	水库总库容/$10^8 m^3$	防洪			排涝	灌溉	供水		水电站
			保护人口/10^4人	保护农田面积/10^4亩	保护区当量经济规模/10^4人	治涝面积/10^4亩	灌溉面积/10^4亩	供水对象的重要性	年引水量/$10^8 m^3$	装机容量/MW
Ⅰ	大（1）型	≥10	≥150	≥500	≥300	≥200	≥150	特别重要	≥10	≥1200
Ⅱ	大（2）型	<10 ≥1.0	<150 ≥50	<500 ≥100	<300 ≥100	<200 ≥60	<150 ≥50	重要	<10 ≥3	<1200 ≥300
Ⅲ	中型	<1.0 ≥0.1	<50 ≥20	<100 ≥30	<100 ≥40	<60 ≥15	<50 ≥5	比较重要	<3 ≥1	<300 ≥50
Ⅳ	小（1）型	<0.1 ≥0.01	<20 ≥5	<30 ≥5	<40 ≥10	<15 ≥3	<5 ≥0.5	一般	<1 ≥0.3	<50 ≥10
Ⅴ	小（2）型	<0.01 ≥0.001	<5	<5	<10	<3	<0.5	一般	<0.3	<10

注　1. 水库总库容指水库最高水位以下的静库容；治涝面积指设计治涝面积；灌溉面积指设计灌溉面积；年引水量指供水工程渠首设计年均引（取）水量。

　　2. 保护区当量经济规模仅限于城市保护区；防洪、供水中的多项指标满足1项即可。

　　3. 按供水对象的重要性确定工程等别时，该工程应为供水对象的主要水源。

水闸枢纽中的水工建筑物应根据其所属枢纽工程等别、作用和重要性划分级别，其级别应按表1-2确定。

表1-2   水工建筑物级别划分

工程等别	永久性建筑物级别		临时性建筑物级别
	主要建筑物	次要建筑物	
Ⅰ	1	3	4
Ⅱ	2	3	4
Ⅲ	3	4	5
Ⅳ	4	5	5
Ⅴ	5	5	—

位于防洪（挡潮）堤上的水闸，其级别不得低于防洪（挡潮）堤的级别。

对失事后造成巨大损失或严重影响，或采用实践经验较少的新型结构的2~5级主要建筑物，经论证并报主管部门批准后可提高一级设计；对失事后造成损失不大或影响较小的1~4级主要建筑物，经论证并报主管部门批准后可降低一级设计。拦河闸永久性水工建筑物按表规定为2级、3级，当其校核洪水过闸流量分别大于$5000 m^3/s$、$1000 m^3/s$时，其建筑物级别可提高一级，但洪水标准可不提高。

二、洪水标准

拦河闸永久性水工建筑物洪水标准应按SL 252—2017《水利水电工程等级划分及洪水

标准》的规定确定（表1-3）。

表1-3　　　　　　　拦河闸、挡潮闸永久性水工建筑物洪（潮）水标准

永久性水工建筑物级别		1	2	3	4	5
洪水标准（重现期）/a	设计	100～50	50～30	30～20	20～10	10
	校核	300～200	200～100	100～50	50～30	30～20
潮水标准（重现期）/a		≥100	100～50	50～30	30～20	20～10

注　对具有挡潮工况的永久性水工建筑物按表中潮水标准执行。

平原区水闸闸下消能防冲的洪水标准应与该水闸洪水标准一致，并应考虑泄放小于消能防冲设计洪水标准的流量时可能出现的不利情况。

三、引例水闸等级及洪水标准

根据引例水闸的灌溉面积和库容等指标确定，水闸枢纽等别为Ⅲ等，主要建筑级别为3级，防洪标准为：设计洪水标准30年一遇，校核洪水标准100年一遇。等级划分及洪水标准分析过程扫二维码查看。

扫码查解析

习　　题

一、填空题

1. 水闸是一种具有_____和_____双层作用的低水头水工建筑物。

2. 水闸按闸室结构形式分有_____和_____。

3. 水闸按所承担的任务分为_____闸、_____闸、_____闸、_____闸、_____闸和_____闸。

4. 水闸由_____段、_____段和_____段组成。

5. 枯水期下闸挡水，洪水期开闸泄水，这个闸可能是_____闸。

6. 水闸枢纽工程等别分为_____等，其主要水工建筑物分为_____级。

二、简答题

1. 简述水闸的作用和组成，各部分的作用是什么？按其所承担的任务水闸可分为哪几种？

2. 土基上水闸和岩基上水闸的工作特点有什么不同？水闸设计需要注意哪几个方面的问题？

3. 涵洞式水闸一般适用于什么地方？与开敞式水闸相比有什么特点？

任务二 水 闸 的 布 置

知识要求：掌握水闸孔口尺寸的确定方法及验算泄流能力的方法。

技能要求：会进行闸孔布置。

子任务一 闸 址 选 择

闸址选择关系到工程建设的成败和经济效益的发挥，是水闸设计中的一项重要内容。应根据水闸的功能、特点和运用要求以及区域经济条件，综合考虑地形、地质、水流、潮汐、泥沙、冰情、淹没征迁、施工、管理、周围环境等因素，经技术经济比较后确定。

一、一般要求

1. 地形、地质条件

水闸的闸址宜避开活动断裂带，选择在地形开阔、岸坡稳定、岩土坚实和地下水位较低的地点；宜优先选用地质良好的天然地基，避免采用人工处理地基。

水闸闸址的地质条件对选好闸址至关重要，应优先选用地质条件良好的天然地基，最好是选用新鲜完整的岩石地基，或承载能力大、抗剪强度高、压缩性低、透水性小、抗渗稳定好的土质地基。

2. 水流条件

闸址的位置应使进闸和出闸水流比较均匀和平顺，闸前和闸后应尽量避开其上、下游可能产生有害的冲刷和泥沙淤积的地方。若在平原河网地区交叉口附近建闸，选定的闸址宜在距离交叉口较远处。若在多支流汇合口下游河道上建闸，其闸址最好远离汇合口，因为闸前需要有足够长度的河段，用以调整由于支流来水量不等、流向不正所形成的闸前不良水流条件，以避免各闸孔过闸流量不均时，出闸水流冲刷岸坡。

3. 交通影响

在铁路桥或Ⅰ、Ⅱ级公路桥附近建闸，选定的闸址距离不能太近。由于铁路桥或Ⅰ、Ⅱ级公路桥车流量大、交通繁忙，对附近水闸的正常运行有一定的干扰影响。

4. 施工、管理条件

选择闸址应综合考虑材料来源、对外交通、施工导流、场地布置、基坑排水、施工用水、用电等条件，还应考虑水闸建成后工程管理和防汛抢险等条件。

5. 其他方面

选择闸址还应考虑尽可能少占土地及少拆迁房屋，尽量利用周围已有公路、航运、动力、通信等公用设施，有利于绿化、净化、美化环境和生态环境保护，有利于开展综合经营。同时，还应考虑水闸建成后工程管理维修和防汛抢险等条件。

二、特殊要求

（1）节制闸或泄洪闸闸址宜选择在河道顺直、河势相对稳定的河段，经技术经济比较后也可选择在弯曲河段裁弯取直的新开河道上。布置方向宜与河道中心线正交，其上下游河道直线长度不宜小于5倍水闸进口处水面宽度。

（2）进水闸、分水闸或分洪闸闸址宜选择在河岸基本稳定的顺直河段或弯道凹岸顶点稍偏下游处，但分洪闸不宜选择在险工堤段和被保护重要城镇的下游堤段。进水闸或分水闸的中心线与河（渠）道中心线的交角不宜超过30°，其上游引河（渠）长度不宜过长。分洪闸的中心线宜正对河道主流方向。

（3）排水闸或泄水闸闸址宜选择在地势低洼、出水通畅处，且排水闸闸址宜选择在靠近主要涝区和容泄区的老堤堤线上。

（4）挡潮闸闸址宜选择在岸线和岸坡稳定的潮汐河口附近，且闸址泓滩中淤变化较小，上游河道有足够的蓄水容积的地点。

三、引例水闸闸址选择

为解决下游8万亩农田的灌溉问题，需在某河右岸修建进水闸取水，对应地需在某河上建拦河水闸，以构成拦河水闸为主体的低灌区引水枢纽。

1. 地形

以选择河道直线段或凹岸顶点偏下游建拦河闸为原则，根据沿线地形，选某村位置河道直线段为闸址。闸址上游两岸堤防较高，不会形成大的淹没，不需要拆迁。

2. 地质

闸址处地质条件为粉质壤土，两岸为已建土堤，适合建闸。

3. 交通

闸址处右岸村级公路可直达闸坝，施工方便。混凝土、水泥、油料、钢材等建筑材料在县城采购，用汽车运输至工地；木材在当地采购。土料来自质量好、储量丰富的云山村云山土料场，运距6km；块石料来自于闸坝下游右岸麦田乡天井冲，运距15km。施工用水可从河里抽取；生活用水可直接采用当地居民自来水；施工用电从下游0.8km高压线路经变压器降压取得。

确定水闸的位置后，根据1:10000地形图分析闸址以上流域面积为301km²。

子任务二 闸 底 板 选 择

一、闸底板堰型的选择

闸底板堰型一般有宽顶堰型和低实用堰型两种，如图2-1所示。

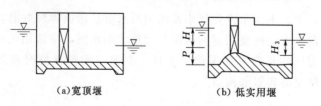

（a）宽顶堰 　　　　　　　　（b）低实用堰

图2-1 闸底板堰型

（一）宽顶堰型

当闸底板顺水流方向上长度δ满足$2.5H < \delta < 10H$（H为堰上水头）时，为宽顶堰。

宽顶堰是水闸中最常用的底板结构形式，其主要优点是结构简单、施工方便，泄流能力比较稳定，有利于泄洪、冲沙、排淤、通航等；其缺点是自由泄流时流量系数较小，容易产生波状水跃。

（二）低实用堰型

低实用堰有梯形的、曲线形的和驼峰形的。实用堰自由泄流时流量系数较大，水流条件较好，选用适宜的堰面曲线可以消除波状水跃；但下游水位对泄流能力有明显影响（淹没度增加时，泄流能力急剧降低），当下游水深 $h_s > 0.6H$（H 为堰上水头）以后，泄流能力将急剧降低，不如宽顶堰泄流时稳。上游水深较大，采用这种孔口形式，可以减小闸门高度。

二、闸底板高程的确定

闸底板高程与水闸承担的任务、泄流量（或引水流量）、上下游水位、河床地质条件及施工基坑开挖条件等因素有关。

闸底板应置于较为坚实的土层上，并应尽量利用天然地基。在地基强度能够满足要求的条件下，底板高程定得高些，闸室宽度大，两岸连接建筑相对较低。对于小型水闸，由于两岸连接建筑物在整个工程中所占比重较大，因而总的工程造价可能是经济的。在大中型水闸中，由于闸室工程量所占比重较大，因而适当降低底板高程，常常是有利的。当然底板高程也不能定得太低，否则，由于单宽流量加大，将会增加下游消能防冲的工程量，闸门增高，启闭设备的容量也随之增大，另外，基坑开挖也较困难。

一般情况下，拦河闸和冲沙闸底板高程可与河床齐平（以利泄洪、排沙）；进水闸及分洪闸在满足引水或泄洪设计流量的条件下，可比河床略高些（以防大量推移质沙进入渠道或分洪区）；排水闸及有排涝任务的挡潮闸，底板高程应尽量放低些，一般略低于或齐平闸前排水沟的沟底，以保证将渍水迅速降至计划高程，但要避免排水出口被泥沙淤塞。

水闸底板高程的确定还需考虑过闸单宽流量。底板高程定得高，堰上水头 H_0 减小，由泄流公式知泄流宽度 B 加大，单宽流量小；反之底板高程定得低，泄流宽度 B 小，单宽流量大。最大过闸单宽流量取决于闸下游河（渠）的允许最大单宽流量。允许最大过闸单宽流量可按下游河（渠）的允许最大单宽流量的 1.2～1.5 倍确定。下游河（渠）的允许最大单宽流量与地质条件有关，根据工程实践经验，可参考表 2-1 选取。

表 2-1　　　　　　　　下游河（渠）允许最大单宽流量 q

地质条件	细粉质及淤泥	砂壤土	壤土	黏土	砂砾石	岩石
单宽流量 $q/[\text{m}^3/(\text{s} \cdot \text{m})]$	5～10	10～15	15～20	20～25	25～40	50～70

下游水深较深，上、下游水位差较小及出闸后水流扩散条件较好时，宜选用较大的 q。下游水深小，过闸落差大，闸宽相对河道束窄比例大的水闸，应选用较小的 q。

闸底板顺水流方向的长度可根据地质条件、上部结构布置情况和最大挡水高度等确定，详见任务五"闸室的布置和构造"。

子任务三　闸　孔　布　置

水闸枢纽是以水闸为主的水利枢纽，一般以水闸居中布置，具有通航、发电或抽水灌溉作用的船闸、水电站或泵站等其他建筑物原则上宜靠岸布置。在多泥沙河流上，常在进水闸进水口或其他取水建筑物取水口的相邻位置设置冲沙闸。

当拦河闸下游有生态环境保护或景观用水的要求时，需要在闸墩处或两岸挡水坝中设置生态放水管，或者设置专用的闸孔泄放一定的流量到下游以满足生态景观需要。当水闸有过鱼要求时，可结合岸墙、翼墙的布置设置鱼道。在平原水力资源缺乏区，如水闸上游有余水可利用，且有发电要求时，可结合岸墙、翼墙的布置设置小型水力发电机组或在边闸孔内设置可移动式发电装置。

一、闸孔总净宽确定

闸孔总净宽应根据泄流特点，下游河床地质条件和安全泄流的要求，结合闸孔孔径和孔数的选用，经技术经济比较后确定。计算时分别对不同的水流情况，根据给定的设计流量、上下游水位和初拟的底板高程及堰型来确定。

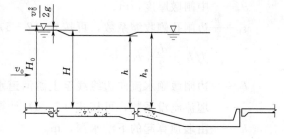

（一）堰流

具有自由表面、受局部侧向收缩或底坎竖向收缩，形成局部降落急变的水流称为堰流。

对于平底闸，当水流为堰流时，计算示意图如图 2-2 所示，采用式（2-1）～式（2-6）计算。

图 2-2 平底板堰流计算示意图

$$B_0 = \frac{Q}{\sigma \varepsilon m \sqrt{2g} H_0^{\frac{3}{2}}} \tag{2-1}$$

对于单孔闸

$$\varepsilon = 1 - 0.171 \times \left(1 - \frac{b_0}{b_s}\right) \sqrt[4]{\frac{b_0}{b_s}} \tag{2-2}$$

对于多孔闸，当闸墩墩头为圆弧形时：

$$\varepsilon = \frac{\varepsilon_z (N-1) + \varepsilon_b}{N} \tag{2-3}$$

其中

$$\varepsilon_z = 1 - 0.171 \times \left(1 - \frac{b_0}{b_0 + d_z}\right) \sqrt[4]{\frac{b_0}{b_0 + d_z}} \tag{2-4}$$

$$\varepsilon_b = 1 - 0.171 \times \left(1 - \frac{b_0}{b_0 + \frac{d_z}{2} + b_b}\right) \sqrt[4]{\frac{b_0}{b_0 + \frac{d_z}{2} + b_b}} \tag{2-5}$$

$$\sigma = 2.31 \frac{h_s}{H_0} \left(1 - \frac{h_s}{H_0}\right)^{0.4} \tag{2-6}$$

式中　B_0——闸孔总净宽，m；

　　　Q——过闸流量，m^3/s；

H_0——计入行近流速水头的堰上水深，m；

g——重力加速度，可采用 $9.81\mathrm{m/s^2}$；

m——堰流流量系数，可采用 0.385；

ε——堰流侧收缩系数，对于单孔闸可按式（2-2）计算求得或由表 2-2 查得，对于多孔闸可按式（2-3）计算求得；

b_0——闸孔净宽，m；

b_s——上游河道一半水深处的宽度，m；

N——闸孔数；

ε_z——中闸孔侧收缩系数，可按式（2-4）计算求得或由表 2-2 查得，但表中 b_s 为 b_0+d_z；

d_z——中闸墩厚度，m；

ε_b——边闸孔侧收缩系数，可按式（2-5）计算求得或由表 2-2 查得，但表中 b_s 为 $b_0+\dfrac{d_z}{2}+b_b$；

b_b——边闸墩顺水流向边缘线至上游河道水边线之间的距离，m；

σ——堰流淹没系数，可按式（2-6）计算求得或按表 2-3 查得；

h_s——由堰顶算起的下游水深，m。

表 2-2　　　　　　　　　　　ε 值 表

b_0/b_s	$\leqslant 0.2$	0.3	0.4	0.5	0.6	0.7	0.8	0.9	1.0
ε	0.909	0.911	0.918	0.928	0.940	0.953	0.968	0.983	1.000

表 2-3　　　　　　　　　　宽 顶 堰 σ 值

h_s/H_0	$\leqslant 0.72$	0.75	0.78	0.80	0.82	0.84	0.86	0.88	0.90	0.91
σ	1.00	0.99	0.98	0.97	0.95	0.93	0.90	0.87	0.83	0.80
h_s/H_0	0.92	0.93	0.94	0.95	0.96	0.97	0.98	0.99	0.995	0.998
σ	0.77	0.74	0.70	0.66	0.61	0.55	0.47	0.36	0.28	0.19

自由堰流和淹没堰流的判断标准以下游水深和上游水深的比值来定：当 $h_s/H_0<0.8$，为自由堰流；当 $h_s/H_0\geqslant 0.8$，为淹没堰流。

对于平底闸，当堰流处于高淹没度（$h_s/H_0\geqslant 0.9$）时，闸孔总净宽也可按式（2-7）和式（2-8）计算：

$$B_0=\frac{Q}{\mu_0 h_s \sqrt{2g(H_0-h_s)}} \tag{2-7}$$

$$\mu_0=0.877+\left(\frac{h_s}{H_0}-0.65\right)^2 \tag{2-8}$$

式中　μ_0——淹没堰流的综合流量系数，可按式（2-8）计算求得或由表 2-4 查得。

表 2 - 4						μ_0	值					
H_s/H_0	0.90	0.91	0.92	0.93	0.94	0.95	0.96	0.97	0.98	0.99	0.995	0.998
μ_0	0.940	0.945	0.950	0.955	0.961	0.967	0.973	0.979	0.986	0.993	0.996	0.998

（二）孔流

受闸门（或胸墙）控制，水流经闸门下缘泄出的水流称为孔流，通常用闸门开度 h_e 与堰上水头 H 的比值来进行判定。计算示意图如图 2-3 所示。

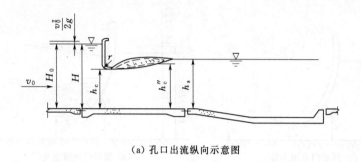

(a) 孔口出流纵向示意图

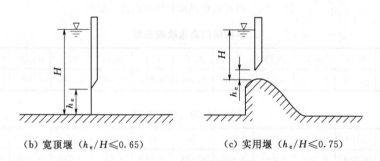

（b）宽顶堰 $(h_e/H \leqslant 0.65)$ （c）实用堰 $(h_e/H \leqslant 0.75)$

图 2-3 孔口出流计算示意图

1. 闸门控制的孔流

闸孔出流的泄水能力与闸孔出流的水流流态有关。水流流态分为自由出流和淹没出流，如图 2-4 所示。

孔流分为孔流自由出流和孔流淹没出流。当跃后水深 h_c''〔由公式（3-2）计算得〕大于等于下游水深 h_s 时，为自由出流；当 h_c'' 小于 h_s 时，为淹没出流。

收缩水深 h_c 根据下式计算：

$$h_c = \varepsilon_c e \qquad (2-9)$$

式中 ε_c——水流的垂直收缩系数；

    e——开启高度，m。

横向侧收缩对闸孔出流的泄流能力影响较小，计算闸孔泄流量时一般不予考虑。

对于平板闸门，收缩系数与闸门的相对开度 e/H 有关，其值查表 2-5。对于弧形闸门，收缩系数主要取决于弧形闸门底缘的切线和水平线的夹角 α，见表 2-6。

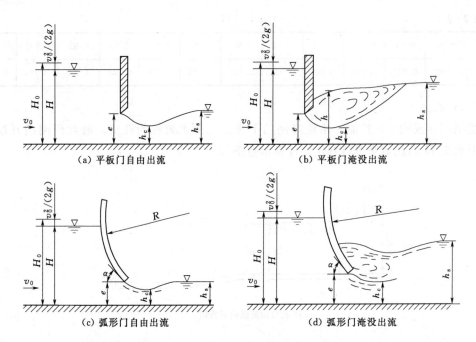

（a）平板门自由出流　　　　　　　　　　（b）平板门淹没出流

（c）弧形门自由出流　　　　　　　　　　（d）弧形门淹没出流

图 2-4　闸孔自由出流和淹没出流示意图

表 2-5						平板闸门垂直收缩系数					
e/H	0.1	0.15	0.2	0.25	0.3	0.35	0.4	0.45	0.5	0.55	0.6	0.65
ε_c	0.615	0.618	0.620	0.622	0.625	0.630	0.630	0.638	0.645	0.650	0.660	0.675

表 2-6						弧形闸门垂直收缩系数					
$\alpha/(°)$	35	40	45	50	55	60	65	70	75	80	85	90
ε_c	0.789	0.766	0.742	0.720	0.698	0.678	0.662	0.645	0.635	0.627	0.622	0.620

闸孔出流流量计算公式为

$$B_0 = \frac{Q}{\sigma_s \mu_0 e \sqrt{2gH_0}} \tag{2-10}$$

式中　e——高启高度，m；

　　　μ_0——闸孔自由出流的流量系数；

　　　σ_s——淹没系数，当闸下为自由出流时为 1.0；当闸下为淹没出流时，淹没系数可查相应资料进行计算。

在一般情况下，行近流速水头比较小，计算时常忽略，用 H 代替 H_0 计算。

对于平底上锐缘平板闸门自由出流情况，流量系数 μ_0 可按下式计算：

$$\mu_0 = 0.60 - 0.176 \frac{e}{H} \tag{2-11}$$

对于弧形闸门，自由出流时，流量系数 μ_0 按下式计算：

$$\mu_0 = \left(0.97 - 0.81 \frac{\alpha}{180°}\right) - \left(0.56 - 0.81 \frac{\alpha}{180°}\right)\frac{e}{H} \tag{2-12}$$

公式的应用范围为：$25° < \alpha < 90°$，$0.1 < e/H < 0.65$。

2. 胸墙控制的孔流

对于带胸墙的平底闸孔口出流计算见式（2-13）~式（2-16）。

$$B_0 = \frac{Q}{\sigma' \mu h_s \sqrt{2gH_0}} \tag{2-13}$$

$$\mu = \varphi \varepsilon' \sqrt{1 - \frac{\varepsilon' h_e}{H}} \tag{2-14}$$

$$\varepsilon' = \frac{1}{1 + \sqrt{\lambda \left[1 - \left(\frac{h_e}{H} \right)^2 \right]}} \tag{2-15}$$

$$\lambda = \frac{0.4}{2.718^{16 \frac{r}{h_e}}} \tag{2-16}$$

式中　h_e——孔口高度，m；

$\quad\quad H$——堰上水头，m；

$\quad\quad \mu$——孔流流量系数，可按式（2-14）计算求得或由表2-7查得；

$\quad\quad \varphi$——孔流流速系数，可采用0.95~1.0；

$\quad\quad \varepsilon'$——孔流垂直收缩系数，可由式（2-15）计算求得；

$\quad\quad \lambda$——计算系数，可由式（2-16）计算求得，该公式适用条件为 $0 < \frac{r}{h_e} < 0.25$；

$\quad\quad r$——胸墙底圆弧半径，m；

$\quad\quad \sigma'$——孔流淹没系数，可由表2-8查得，表中 h''_c 为跃后水深，m。

表 2-7　　　　　　　　μ　值

γ/H_e ＼ h_e/H	0	0.05	0.10	0.15	0.20	0.25	0.30	0.35	0.40	0.45	0.50	0.55	0.60	0.65
0	0.582	0.573	0.565	0.557	0.549	0.542	0.534	0.527	0.520	0.512	0.505	0.497	0.489	0.481
0.05	0.667	0.656	0.644	0.633	0.622	0.611	0.600	0.589	0.577	0.566	0.553	0.541	0.527	0.512
0.10	0.740	0.725	0.711	0.697	0.682	0.668	0.653	0.638	0.623	0.607	0.590	0.572	0.553	0.533
0.15	0.798	0.781	0.764	0.747	0.730	0.712	0.694	0.676	0.657	0.637	0.616	0.594	0.571	0.546
0.20	0.842	0.824	0.805	0.785	0.766	0.745	0.725	0.703	0.681	0.658	0.634	0.609	0.582	0.553
0.25	0.875	0.855	0.834	0.813	0.791	0.769	0.747	0.723	0.699	0.673	0.647	0.619	0.589	0.557

表 2-8　　　　　　　　σ'　值

$\frac{h_s - h''_c}{H - h''_c}$	$\leqslant 0$	0.1	0.2	0.3	0.4	0.5	0.6	0.7	0.8	0.9	0.92	0.94	0.96	0.98	0.99	0.995
σ'	1.00	0.86	0.78	0.71	0.66	0.59	0.52	0.45	0.36	0.23	0.19	0.16	0.12	0.07	0.04	0.02

水闸的过闸水位差应根据上游淹没影响、允许的过闸单宽流量和水闸工程造价等因素综合比较确定。一般情况下，平原地区水闸的过闸水位差可采用0.1~0.3m。

水闸的过水能力与上下游水位、底板高程和闸孔总净宽等是相互关联的，设计时，需通过对不同方案进行技术经济比较后最终确定。

二、确定闸室单孔宽度和闸室总宽度

闸孔孔径应根据闸的地基条件、运用要求、闸门结构形式、启闭机容量，以及闸门的制作、运输、安装等因素，进行综合分析确定。我国大中型水闸的单孔净宽度 b_0 一般采用 $8\sim12\text{m}$，常用 10m，小型水闸的单孔净宽度 b_0 一般采用 $2\sim3\text{m}$。

选用的闸孔孔径应符合 SL 74—2013《水利水电工程钢闸门设计规范》所规定的闸门孔口尺寸系列标准。

闸孔孔数 $n=B_0/b_0$，n 值应取略大于计算要求值的整数。闸孔孔数少于 8 孔时，宜采用单数孔，以利于对称开启闸门，改善下游水流条件。

闸室总宽度 $L=B_0+(n-1)d=nb_0+(n-1)d$，其中，d 为闸墩厚度，一般为 $1.0\sim1.5\text{m}$。

闸室总宽度确定应考虑两个问题：一是过闸单宽流量，二是闸室总宽度与河道总宽度的关系。闸室总宽度过小，过闸单宽流量过大，将增加闸下消能布置的困难；闸室总宽度过大，过闸单宽流量变小，但会因工程量加大造成浪费。闸室总宽度大体上与上、下游河道或渠道宽度（通过设计流量时的平均过水宽度）相适应，闸室总宽度与河道宽度的比值一般为 $0.60\sim0.85$。

孔宽、孔数、闸墩厚度和闸室总宽度拟定后，再考虑闸墩等的影响，进一步验算水闸的过水能力。计算的过水能力与设计流量的差值，一般不得超过 $\pm5\%$。

【例题 2-1】 引例资料闸址处两岸地势较平坦，地面高程约 41.00m，河型较顺直，河床纵坡为 $1/5000$，河床高程 30.00m，横断面为复式梯形断面。闸址处的河道横断面如图 $2-5$ 所示。拟建拦河闸以拦河截水壅高水位灌溉农田，洪水时开闸泄洪。本枢纽工程为 Ⅲ 等工程，其中永久性主要建筑物为 3 级。拦河闸底板高程为 30.00m，正常挡水位为 38.50m。试进行闸孔布置。

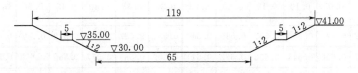

图 2-5　闸址处河床横断面图（单位：m）

解： 1. 闸址的选择

闸址、闸轴线的选择关系到工程的安全可靠、施工难易、操作运用、工程量及投资大小等方面的问题。在选择过程中应根据地形、地质、水流、施工管理应用及淹没征地拆迁情况等方面进行分析研究，权衡利弊，经全面分析比较，合理确定。

本次设计中闸轴线位置已由规划给出。

2. 闸型确定

本水闸枢纽工程的主要任务是在正常情况下拦河截水，以利灌溉，而当洪水来临时，开闸泄水，以保防洪安全。由于是建在平原河道上的拦河水闸，应具有较大的超泄能力，并利于排除漂浮物，因此采用不设胸墙的开敞式水闸。

同时，由于河槽蓄水，闸前淤积对洪水位影响较大，为方便排出淤沙，闸底板高程尽可能低。因此，采用无底坎平顶板宽顶堰，堰顶高程与河床相齐平，即闸底板高程

为 30.0m。

3. 闸孔布置

由闸址下游水位-流量关系曲线查取相应洪水标准下的下游水位。建闸后泄洪时过闸水位差根据该河上游已建水闸的运行经验，设计洪水时取 0.13m，校核洪水时采用 0.07m。洪水标准及特征水位见表 2-9。

表 2-9　　　　　　　　　　　　　　　洪水标准及特征水位表

项目	重现期/a	洪水流量/(m³/s)	下游水位/m	闸前水位/m
设计洪水	30	978	39.0	39.13
校核洪水	100	1348	40.2	40.27

（1）由于已知上、下游水位，可推算上游水头及下游水深，见表 2-10。

表 2-10　　　　　　　　　　　　　　　上 游 水 头 计 算

流量 Q /(m³/s)	下游水深 h_s /m	上游水深 H /m	过水断面积 /m²	行近流速 /(m³/s)	$\dfrac{v_0^2}{2g}$	上游水头 H_0 /m
978（设计）	9.0	9.13	801	1.22	0.08	9.21
1348（校核）	10.2	10.27	931	1.44	0.11	10.38

（2）按照闸门总净宽计算式（2-1），根据设计洪水和校核洪水两种情况分别计算如下。

宽顶堰堰流流量系数 m 取 0.385；淹没系数 σ 按式（2-6）计算；侧收缩系数 ε 按试算确定。先假定侧收缩系数 ε 为 1.0，计算总净宽，定孔数 n 和单孔宽 b_0、闸墩厚 d，再根据式（2-3）～式（2-6）计算侧收缩系数，直到计算出的侧收缩系数与原假设的相等即满足要求。具体计算过程如下：

1）设计情况：$h_s/H_0=0.978$，由式（2-6）计算得 $\sigma=0.493$。将 σ、m、ε 等值代入，可求出闸孔总净宽 B 为

$$B=\frac{Q}{\sigma\varepsilon m \sqrt{2g}H_0^{3/2}}=\frac{978}{0.493\times1.0\times0.385\times\sqrt{2\times9.8}\times9.21^{3/2}}=41.64(\text{m})$$

2）校核情况：$h_s/H_0=0.983$，计算得 $\sigma=0.446$。将 σ、m、ε 等值代入，可求出闸孔总净宽 B 为

$$B=\frac{Q}{\sigma\varepsilon m \sqrt{2g}H_0^{3/2}}=\frac{1348}{0.446\times1.0\times0.385\times\sqrt{2\times9.8}\times10.38^{3/2}}=53.02(\text{m})$$

拟定闸孔总净宽为 56m，共分为 7 孔，每孔宽度为 8.0m。全闸用 4 个中墩，2 个缝墩分隔闸孔，2 个边墩。中墩和边墩厚均为 1.2m，缝墩厚 1.6m，半圆形墩头。

中墩孔侧收缩系数 ε_{z1} 为

$$\varepsilon_{z1}=1-0.171\left(1-\frac{b_0}{b_0+d_z}\right)\sqrt[4]{\frac{b_0}{b_0+d_z}}=1-0.171\left(1-\frac{8}{8+1.2}\right)\sqrt[4]{\frac{8}{8+1.2}}=0.978$$

缝墩侧收缩系数 ε_{z2} 为

$$\varepsilon_{z2}=1-0.171\left(1-\frac{b_0}{b_0+d_z}\right)\sqrt[4]{\frac{b_0}{b_0+d_z}}=1-0.171\left(1-\frac{8}{8+1.6}\right)\sqrt[4]{\frac{8}{8+1.6}}=0.973$$

边墩侧收缩系数 ε_b（边墩侧收缩系数与水位有关，计算设计水位和校核水位两种情况）为

$$\varepsilon_{b设}=1-0.171\left(1-\frac{b_0}{b_0+\frac{d_z}{2}+b_b}\right)\sqrt[4]{\frac{b_0}{b_0+\frac{d_z}{2}+b_b}}$$

$$=1-0.171\times\left(1-\frac{8}{8+\frac{1.2}{2}+11.2}\right)\times\sqrt[4]{\frac{8}{8+\frac{1.2}{2}+11.2}}=0.919$$

$$\varepsilon_{b校}=1-0.171\left(1-\frac{b_0}{b_0+\frac{d_z}{2}+b_b}\right)\sqrt[4]{\frac{b_0}{b_0+\frac{d_z}{2}+b_b}}$$

$$=1-0.171\times\left(1-\frac{8}{8+\frac{1.2}{2}+12.6}\right)\times\sqrt[4]{\frac{8}{8+\frac{1.2}{2}+12.6}}=0.917$$

所以堰流侧收缩系数 ε：

$$\varepsilon_{设}=\frac{\varepsilon_z(N-1)+\varepsilon_{b设}}{N}=\frac{0.978\times4+0.973\times2+0.919\times1}{7}=0.968$$

$$\varepsilon_{校}=\frac{\varepsilon_z(N-1)+\varepsilon_{b校}}{N}=\frac{0.978\times4+0.973\times2+0.917\times1}{7}=0.968$$

与假设的 $\varepsilon=1.0$ 有差距，调整 ε 值再计算。取 $\varepsilon=0.968$，重复上述计算。设计标准闸孔总净宽 $B=43.0\text{m}$，校核标准闸孔总净宽 54.7m。拟定闸孔总净宽为 56m，分为 7 孔，每孔 8.0m。用 4 个中墩、2 个缝墩分隔闸孔，中墩和边墩厚均为 1.2m，缝墩厚 1.6m，半圆形墩头。复核侧收缩系数为 0.968，与取定的 0.968 一致，即第二次取的 $\varepsilon=0.968$ 满足要求。闸孔总净宽计算成果见表 2-11。

表 2-11 闸孔总净宽计算成果表

流量 Q /(m³/s)	下游水深 h_s /m	上游水头 H_0 /m	$\frac{h_s}{H_0}$	淹没系数 σ	侧收缩系数 ε	B_0 /m	n	b
978（设计）	9.0	9.21	0.978	0.493	0.968	43.0	7	6
1348（校核）	10.2	10.38	0.983	0.446	0.968	54.7	7	8

综合考虑：分为 7 孔，每孔 8.0m。设置 4 个中墩，2 个缝墩，2 个边墩，中墩和边墩厚均为 1.2m，缝墩厚 1.6m。闸孔总宽度为

$$L=nb_0+(n-1)d=7\times8+(4\times1.2+2\times1.6)=64.0(\text{m})$$

（3）校核泄洪能力。根据选定的孔口尺寸（7 孔，每孔 8m）与上下游水位，进一步复核过流量，见表 2-12。

设计情况超过了规定 5% 的要求，说明孔口尺寸有些偏大，但根据校核情况满足要求，所以不再进行孔口尺寸的调整。

表 2 - 12 过流能力校核计算表

流量 Q /(m³/s)	堰上水头 H_0 /m	流量系数 m	淹没系数 σ	侧收缩系数 ε	过闸流量 Q /(m³/s)	校核过流能力
978（设计）	9.21	0.385	0.493	0.968	1273	30%
1348（校核）	10.38	0.385	0.446	0.968	1379	2.3%

（4）检验过闸单宽流量。允许最大过闸单宽流量可按下游河（渠）的允许最大单宽流量的 1.2～1.5 倍确定。下游河道地质条件为壤土，允许最大单宽流量为 15～20m³/(s·m)，则允许最大过闸单宽流量为 18～30m³/(s·m)；引例中的过闸单宽流量为 1379/56＝24.6 [m³/(s·m)]，满足单宽流量要求。

（5）检验闸室总宽度与河道总宽度关系。根据经验，闸室总宽度与上、下游河道（通过设计流量时的平均过水宽度）宽度的比值一般为 0.60～0.85。案例中闸室总宽度与上游河道宽度的比值为 64÷(804÷9.15)＝0.73，在经验范围之内，满足要求。

综观上述分析过程，闸孔布置如图 2 - 6 所示。

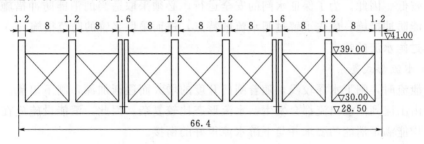

图 2 - 6　闸孔布置图（单位：m）

习　题

一、填空题

1. 常用的水闸底板形式有_____和_____。

2. 验算水闸的过流能力时，计算的过流能力与设计流量的差值不得超过_____。

3. 闸孔形式结构简单、施工方便，但自由泄流时流量系数较小，易产生波状水跃的底板堰型是_____堰型。

4. 拦河闸底板高程一般_____（填高于、低于或齐平于）河床。

5. 闸孔孔数少于 8 孔时，应采用_____（填奇数孔、偶数孔），利于对称开启闸门，改善下游水流条件。

二、简答题

1. 宽顶堰底板和实用堰底板各自有什么特点？它们的适用条件是什么？

2. 简述闸孔布置的基本步骤。理解淹没系数、侧收缩系数、流量系数的确定方法。

任务三　水闸的消能防冲

知识要求：掌握水闸过闸水流特点、底流消能消力池设计、海漫及防冲槽布置与构造。

技能要求：会应用 Excel 表格并查阅有关规范进行消力池池深计算。

子任务一　过闸水流特点和消能防冲条件

水闸泄水时，部分势能转为动能，流速增大，具有较强的冲刷能力，而土质河床一般抗冲能力较低。因此，为了保证水闸的安全运行，必须采取适当的消能防冲措施。要设好水闸的消能防冲措施，应先了解过闸水流的特点，进而采取妥善的防范措施。

一、过闸水流的特点

（一）水流形式复杂

初始泄流时，闸下水深较浅，随着闸门开度的增大而逐渐加深，闸下出流由孔流到堰流，由自由出流到淹没出流都会发生，水流形态比较复杂。因此，消能设施应在任意工作情况下，均能满足消能的要求并与下游水流很好的衔接。

（二）闸下易形成波状水跃

由于水闸上、下游水位差较小，出闸水流的弗劳德数较低（$Fr=1\sim1.7$），容易发生波状水跃，特别是在平底板的情况下更是如此。此时无强烈的水跃旋滚，水面波动，消能效果差，具有较大的冲刷能力。另外，水流处于急流状态，不易向两侧扩散，致使两侧产生回流，缩小河槽过水有效宽度，局部单宽流量增大，严重地冲刷下游河道，如图 3-1 所示。

（三）闸下容易出现折冲水流

一般水闸的宽度较上下游河道窄，水流过闸时先收缩而后扩散。如工程布置或操作运行不当，出闸水流不能均匀扩散，使主流集中，蜿蜒蛇行，左冲右撞，形成折冲水流，冲毁消能防冲设施和下游河道，如图 3-2 所示。

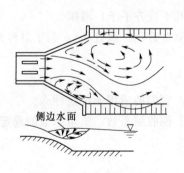
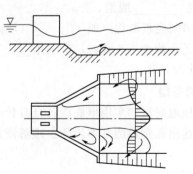

图 3-1　波状水跃示意图　　　　　图 3-2　闸下折冲水流

（四）波状水跃、折冲水流的防止措施

1.波状水跃的防止措施

对于平底板水闸，可在消力池斜坡段的顶部上游预留一段 0.5～1.0m 宽的平台。其上设置一道小槛［图 3-3（a）］，使水流越槛入池，促成底流式水跃。槛的高度 C 约为 h_c 的 1/4。小槛迎水面做成斜坡，以减弱水流的冲击作用，槛底设排水孔。如将小槛改成齿形槛分水墩［图 3-3（b）］，效果会更好。若水闸底板采用低实用堰型，则有助于消除波状水跃。

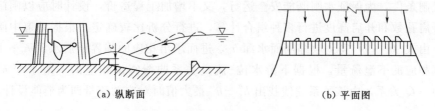

（a）纵断面　　　　　　　　　　　（b）平面图

图 3-3　波状水跃的防止措施

2.折冲水流的防止措施

消除折冲水流首先应从平面布置上入手，尽量使上游引河具有较长的直线段，并能在上游两岸对称布置翼墙，出闸水流与原河床主流的位置和方向一致；其次是控制下游翼墙扩散角，每侧宜采用 7°～12°，且不宜采用弧形翼墙（大型水闸如采用弧形翼墙，其半径不小于 30m），墙顶应高于下游最高水位，以免回流由墙顶漫向消力池；另外，要制定合理的闸门开启程序，如低泄量时隔孔开启，使水流均匀出闸，或开闸时先开中间孔，继而开两侧邻孔至同一高度，直至全部开至所需高度，闭门与之相反，由两边孔向中间孔依次对称地操作。

二、消能防冲设计条件的确定

（一）闸下水流的消能方式

平原地区的水闸，由于水头低，下游水位变幅大，一般都采用底流式消能。对于山区灌溉渠道上的泄洪闸和退水闸，如果下游是坚硬的岩体，又具有较高的水头时，可以采用挑流式消能。当下游河道有足够的水深且变化较小，河床及河岸的抗冲能力较大时，可采用面流式衔接。

夹有较大砾石的多泥沙河流上的水闸，不宜设消力池，可采用抗冲耐磨的斜坡护坦与下游河道连接，末端应设防冲墙。在高速水流部位，尚应采取抗冲磨与抗空蚀的措施。

大型多孔水闸可根据需要设置隔墩或导墙进行分区消能防冲布置。

（二）消能设计条件的选择

平原区水闸闸下消能防冲的洪水标准与该水闸洪水标准一致，山区、丘陵区水闸闸下消能防冲设计洪水标准可依表 3-1 确定，并应考虑泄放小于消能防冲设计洪水标准的流量时的可能出现的不利情况。

表 3-1　　　　　　山区、丘陵区水闸闸下消能防冲设计洪水标准

水闸级别	1	2	3	4	5
闸下消能防冲设计洪水重现期/a	100	50	30	20	10

根据工程实践经验，一般地，泄洪闸（如溢洪道进口泄洪闸）直接按消能防冲设计洪水标准下的流量进行消力池计算；拦河水闸则要按泄放小于消能防冲设计洪水标准的流量时的不利情况进行消力池计算，即按不同的开启孔数和一系列的开启高度进行组合分析，确定池深的控制条件为最不利工况。

拦河水闸在泄水过程中，随着闸门开启度不同，闸下水深、流态及过闸流量也随之变化，设计条件较难确定。一般是上游为开闸泄流时的最高挡水位、闸门部分开启、单宽流量大是控制条件，为保证水闸既能安全运行，又不增加工程造价，设计时应以闸门的开启程序、开启孔数和开启高度进行多种组合计算，进行分析比较确定。根据河道中闸门的不同开度，由式（2-9）得到收缩断面水深 h_c，进而求出相应的临界跃后水深 h_c''；由式（2-10）得到相应的下泄流量，根据下游水位-流量关系曲线查出相应的下游水深 h_s'，求出 $(h_c'' - h_s') - Q$ 关系，由该关系曲线找出 $h_c'' - h_s'$ 最大值时对应的流量即为消能设计流量。

子任务二　底流消能工设计

一、底流消能工布置

底流消能工的作用是通过在闸下产生一定淹没度的水跃来保护水跃范围内的河床免遭冲刷。淹没度过小，水跃不稳定，表面旋滚前后摆动；淹没度过大，较高流速的水舌潜入底层，由于表面旋滚的剪切，掺混作用减弱，消能效果反而减小。淹没度取 1.05～1.10 较为适宜。

底流式消能设施有三种形式：下挖式、突槛式和综合式。消力池的尾槛与下游河床相齐平时叫下挖式消力池；消力池的底板与下游河床相齐平，而尾槛完全突出在下游河床之上是突槛式；介于两者之间的是综合式消力池。

只有当闸下尾水深小于跃后水深（即产生远离水跃）时，才需要修建消力池。当闸下尾水深小于跃后水深时，可采用下挖式消力池消能，这是底流消能中用得最多的一种形式。消力池可采用斜坡面与闸底板相连接，斜坡面的坡度不宜陡于 1：4。当闸下尾水深度略小于 90％跃后水深时，可采用突槛式消力池消能。当闸下尾水深度小于 50％跃后水深，且计算消力池深度又较深时，可采用下挖消力池与突槛式消力池相结合的消力池消能。具体采取哪种底流消能布置形式应经技术经济比较后确定。当水闸上、下游水位差较大，且尾水深度较浅时，宜采用二级或多级消力池消能。

下挖式消力池、突槛式消力池或综合式消力池后均应根据河床地质条件设海漫和防冲槽（或防冲墙）。

消力池末端一般布置尾槛，用以调整流速分布，减小出池水流的底部流速，且可在槛后产生小横轴旋滚，防止在尾槛后发生冲刷，并有利于平面扩散和削减边侧下游回流。图 3-4 为连续式的实体槛［图 3-4（a）］和差动式的齿槛［图 3-4（b）］。

连续实体槛壅高池中水位的作用比齿槛好，也便于施工，一般采用较多。齿槛对调整槛后水流流速分布和扩散作用均优于实体槛，但其结构形式较复杂，当水头较高、单宽流量较大时易空蚀破坏，故一般多用于低水头的中、小型工程。图中几何尺寸可供选用时参考，最终应由水工模型试验确定。

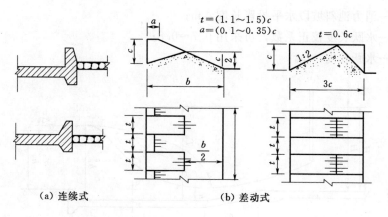

图 3-4　尾槛形式

二、消力池

（一）池深和池长的确定

1. 消力池深度

$$d = \sigma_0 h''_c - h'_s - \Delta z \tag{3-1}$$

$$h''_c = \frac{h_c}{2}\left(\sqrt{1 + \frac{8\alpha q^2}{g h_c^3}} - 1\right)\left(\frac{b_1}{b_2}\right)^{0.25} \tag{3-2}$$

$$h_c^3 - T_0 h_c^2 + \frac{\alpha q^2}{2g\varphi^2} = 0 \tag{3-3}$$

$$\Delta z = \frac{\alpha q^2}{2g\varphi^2 h_s'^2} - \frac{\alpha q^2}{2g h_c''^2} \tag{3-4}$$

式中　　d——消力池深度，m；

　　　　σ_0——水跃淹没系数，可采用 $1.05 \sim 1.10$；

　　　　h''_c——跃后水深，m；

　　　　h_c——收缩水深，m；

　　　　α——水流动能校正系数，可采用 $1.00 \sim 1.05$；

　　　　q——过闸单宽流量，m^2/s；

　　　　b_1——消力池首端宽度，m；

　　　　b_2——消力池末端宽度，m；

　　　　T_0——由消力池底板顶面算起的总势能，m；

　　　　Δz——出池落差，m；

　　　　φ——流速系数；

　　　　h'_s——出池河床水深，m。

2. 消力池长度

消力池长度可按式（3-5）和式（3-6）计算。计算示意图如图 3-5 所示。

$$L_j = 6.9(h''_c - h_c) \tag{3-5}$$

$$L_{sj} = L_s + \beta L_j \tag{3-6}$$

式中　　L_{sj}——消力池长度，m；

L_s——消力池斜坡段水平投影长度，m；

β——水跃长度校正系数，可采用 $0.7 \sim 0.8$；

L_j——水跃长度，m。

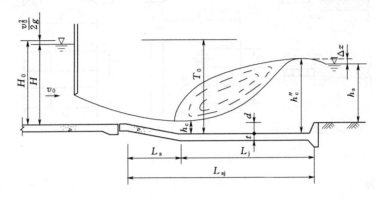

图 3-5　消力池计算示意图

大型水闸的消力池深度和长度，在初步设计阶段，应进行水工模型试验验证。

（二）消力池构造要求

消力池底板（即护坦）承受水流的冲击力、水流脉动压力和底部扬压力等作用，应具有足够的重量、强度和抗冲耐磨的能力。护坦一般是等厚的，但也可采用不同的厚度，始端厚度大，向下游逐渐减小。

护坦厚度可根据抗冲和抗浮要求，分别按下式计算，并取其最大值。

抗冲
$$t = k_1 \sqrt{q \sqrt{\Delta H'}} \tag{3-7}$$

抗浮
$$t = k_2 \frac{U - W \pm P_m}{\gamma_b} \tag{3-8}$$

式中　t——消力池底板始端厚度，m；

$\Delta H'$——闸孔泄水时的上、下游水位差，m；

k_1——消力池底板计算系数，可采用 $0.15 \sim 0.20$；

k_2——消力池底板安全系数，可采用 $1.1 \sim 1.3$；

U——作用在消力池底板底面的扬压力，kPa；

W——作用在消力池底板顶面的水重，kPa；

P_m——作用在消力池底板上的脉动压力，kPa，其值可取跃前收缩断面流速水头值的 5%；通常计算消力池底板前半部的脉动压力时取"＋"号，计算消力池底板后半部的脉动压力时取"－"号；

γ_b——消力池底板的饱和重度，kN/m³。

消力池末端厚度，可采用 $t/2$，但不宜小于 0.5m。

底板一般用 C20 或 C25 混凝土浇筑而成，并按构造配置直径 10~14mm、间距 25~30cm 的构造钢筋。大型水闸消力池的顶、底面均需配筋，中、小型的可只在顶面配筋。

为了降低护坦底部的渗透压力，可在水平护坦的后半部设置排水孔，孔下铺设碎石粗砂反滤层，排水孔孔径一般为 5~10cm，间距 1.0~3.0m，呈梅花形布置。

护坦与闸室、岸墙及翼墙之间，以及其本身沿水流方向均应用缝分开，以适应不均匀沉陷和温度变形，缝宽 2.0～2.5cm。护坦自身的缝距可取 10～20m，靠近翼墙的消力池缝距应取得小一些。护坦在垂直水流方向通常不设缝，以保证其稳定性。缝的位置如在闸基防渗范围内，缝中应设止水设备，但一般都铺贴沥青油毛毡。

为增强护坦的抗滑稳定性，常在消力池的末端设置齿墙，墙深一般为 0.8～1.5m，宽为 0.6～0.8m。消力池构造如图 3-6 所示。

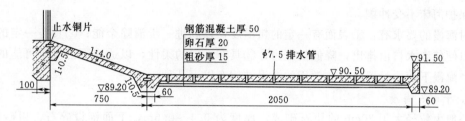

图 3-6 消力池构造图（单位：高程 m，尺寸 cm）

（三）辅助消能工

为了提高消力池的消能效果，除尾槛外，还可设置消力墩、消力齿等辅助消能工，以加强紊动扩散，减小跃后水深，缩短水跃长度，稳定水跃，达到提高水跃消能效果的目的。

三、海漫

水流经过消力池，虽已消除了大部分多余能量，但仍留有一定的剩余动能，特别是流速分布不均，脉动仍较剧烈，具有一定的冲刷能力。因此，护坦后仍需设置海漫等防冲加固设施，以使水流均匀扩散，并将流速分布逐步调整到接近天然河道的水流形态（图 3-7）。

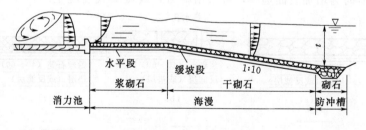

图 3-7 海漫布置示意图

（一）海漫的长度

海漫的长度应根据可能出现的不利水位、流量组合情况进行计算。当 $\sqrt{q_s \sqrt{\Delta H'}} = 1\sim9$，且消能扩散良好时，海漫长度 L_p 可按式（3-9）计算：

$$L_p = K_s \sqrt{q_s \sqrt{\Delta H'}} \qquad (3-9)$$

式中 q_s——消力池末端单宽流量，m^2/s；

K_s——海漫长度计算系数，可由表 3-2 查得。

表 3-2　　　　　　　　　　　　　　　　　K_s　　　值

河床土质	粉砂，细砂	中砂，粗砂，粉质壤土	粉质黏土	坚硬黏土
K_s	14～13	12～11	10～9	8～7

（二）海漫的布置和构造

一般在海漫起始段做 5～10m 长的水平段，其顶面高程可与护坦齐平或在消力池尾坎顶以下 0.5m 左右，水平段后做成不陡于 1：10 的斜坡，以使水流均匀扩散，调整流速分布，保护河床不受冲刷。

对海漫的要求有：①表面有一定的粗糙度，以利进一步消除余能；②具有一定的透水性，以便使渗水自由排出，降低扬压力；③具有一定的柔性，以适应下游河床可能的冲刷变形。海漫下面应设置垫层。常用的海漫结构有以下几种。

1. 干砌石海漫

一般由粒径大于 30cm 的块石砌成，厚度为 0.4～0.6m，下面铺设碎石、粗砂垫层，厚 10～15cm［图 3-8（a）］。干砌石海漫的抗冲流速为 2.5～4.0m/s。为了加大其抗冲能力，可每隔 6～10m 设一浆砌石埂。干砌石常用在海漫后段。

2. 浆砌石海漫

采用强度等级为 M7.5 的水泥砂浆，砌石粒径大于 30cm，厚度为 0.4～0.6m，砌石内设排水孔，下面铺设反滤层或垫层［图 3-8（b）］。浆砌石海漫的抗冲流速可达 3～6m/s，但柔性和透水性较差，一般用于海漫的前部约 10m 范围内。

3. 混凝土板海漫

整个海漫由板块拼铺而成，每块板的边长为 2～5m，厚度为 0.1～0.3m，板中有排水孔，下面铺设垫层［图 3-8（d）和图 3-8（e）］。混凝土板海漫的抗冲流速可达 6～10m/s，但造价较高。有时为增加表面糙率，可采用斜面式或城垛式混凝土块体［图 3-8（f）和

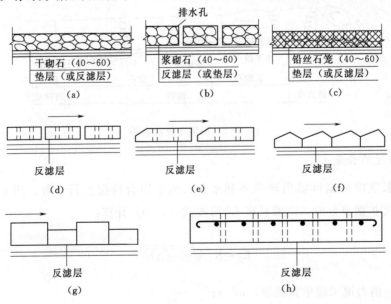

图 3-8　海漫构造示意图（单位：cm）

图 3-8（g）]。铺设时应注意顺水流流向不宜有通缝。

4. 钢筋混凝土板海漫

当出池水流的剩余能量较大时，可在尾槛下游 5～10m 范围内采用钢筋混凝土板海漫，板中有排水孔，下面铺设反滤层或垫层 [图 3-8（h）]。

5. 其他形式海漫

如铅丝石笼海漫 [图 3-8（c）]。

四、防冲槽

水流经过海漫后，尽管多余能量得到了进一步消除，流速分布接近河床水流的正常状态，但在海漫末端仍有冲刷现象。为保证安全和节省工程量，常在海漫末端设置防冲槽或采取其他加固措施。

在海漫末端挖槽抛石预留足够的石块，当水流冲刷河床形成冲坑时，预留在槽内的石块沿斜坡陆续滚下，铺在冲坑的上游斜坡上，防止冲刷坑向上游扩展，保护海漫安全，如图 3-9 所示。

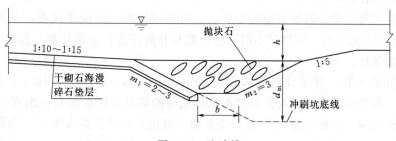

图 3-9　防冲槽

参照已建水闸工程的实践经验，防冲槽大多采用宽浅式的，其深度 d_m 一般取 1.5～2.5m，底宽 b 取 2～3 倍的深度，上游坡率 $m_1=2$～3，下游坡率 $m_2=3$。防冲槽的单宽抛石量 V 应满足护盖冲坑上游坡面的需要，可按式（3-10）估算。

$$V = A d_m \quad (\text{m}^3)$$

其中

$$d_m = 1.1 \frac{q_m}{[v_0]} - h \qquad (3-10)$$

式中　A——经验系数，一般采用 2～4；

d_m——海漫末端河床冲刷深度，m；

q_m——海漫末端单宽流量，m^2/s；

$[v_0]$——河床土质允许不冲流速，m/s；

h——海漫末端河床水深，m。

【例题 3-1】　引例拦河闸为不设胸墙的开敞式水闸，无底坎平顶板宽顶堰，堰顶高程与河床同高（30.00m）。单孔净宽 8m，共 7 孔，闸孔总宽度为 64m。整体式底板，边 2 孔一联，中 3 孔一联，缝设在闸墩上，中墩和边墩厚度均为 1.2m，缝墩厚 1.6m。正常挡水位为 38.50m。水闸水文洪水资料见表 3-3。

表 3-3 　　　　　　　　　　　　　水闸水文洪水资料表

项　　目	重现期/a	洪水流量/(m³/s)	闸前水位/m	下游水位/m
设计洪水	30	978	39.13	39
校核洪水	100	1348	40.27	40.2

任务：（1）确定消能防冲设计条件；（2）底流消能工设计；（3）设计海漫；（4）设计防冲槽。

解：（1）消能防冲设计条件。

由于水闸挡水高度不大，且河床的抗冲刷能力较低，所以采用底流式消能。

设计水位或校核水位时闸门全开宣泄洪水，为淹没出流无需消能。闸前为最高蓄水位38.50m，部分闸门局部开启，只宣泄较小流量时，下流水位不高，闸下射流速度较大，才会出现严重的冲刷河床现象，需设置相应的消能设施。为了保证无论何种开启高度的情况下均能发生淹没式水跃消能，所以采用闸前水深 $H = 8.5$m，闸门局部开启情况，作为消能防冲设计的控制情况。

为了降低工程造价，确保水闸安全运行，可以规定闸门的操作规程，本次设计按1、3、5、7孔对称方式开启，分别对不同开启孔数和开启度进行组合计算，找出消力池池深和池长的控制条件。

先设置开启1孔，开度分别为0.85m、1.0m、1.5m、2.0m、2.3m、2.5m、2.7m，由式（2-9）得到收缩断面水深 h_c，进而求出相应的临界跃后水深 h_c''；由式（2-10）得到相应的下泄流量，根据下游水位-流量关系曲线查出相应的下游水深 h_s'。当跃后水深 h_c'' 不小于下游水深 h_s' 时为自由出流，需建消力池，此时淹没系数 $\sigma_s = 1.0$；否则为淹没出流，不需建消力池。求出 $(h_c'' - h_s') - Q$ 关系，由该关系曲线找出 $h_c'' - h_s'$ 最大值时对应的流量即为消能设计流量。

通过计算，开启1孔，开启高度为2.3m时，$h_c'' - h_s'$ 值最大，为2.55m。为了节省工程造价，防止消力池过深，对开启1孔开启高度为2.3m定为消力池的池深控制条件，此时下泄流量为131.2m³/s，单宽流量为16.4m³/s。

消能防冲设计工况确定计算结果见表3-4。

表 3-4 　　　　　　　　　　　　消能防冲设计工况确定计算结果

开启孔数 n	开启高度 /m	e/H	侧收缩系数 ε_c	流量系数 μ_0	泄流量 Q /(m³/s)	单宽流量 q /[m³/(s·m)]	收缩水深 h_c /m	跃后水深 h_c'' /m	下游水深 h_s /m	$(h_c'' - h_s)$ /m	流态判别	备注
	0.8	0.100	0.615	0.583	48.2	6.02	0.49	3.64	1.58	2.06		
	1.0	0.118	0.616	0.579	59.8	7.48	0.62	4.01	1.83	2.17		
	1.5	0.176	0.619	0.569	88.1	11.02	0.93	4.72	2.44	2.28	自由出流	
1	2.0	0.235	0.621	0.559	115.4	14.42	1.24	5.25	2.72	2.53		
	2.3	**0.271**	**0.623**	**0.552**	**131.2**	**16.40**	**1.43**	**5.51**	**2.96**	**2.55**		池深控制
	2.5	0.294	0.625	0.548	141.5	17.69	1.56	5.66	3.12	2.54		
	2.7	0.318	0.627	0.544	151.7	18.96	1.69	5.79	3.27	2.52		

续表

开启孔数 n	开启高度 /m	e/H	侧收缩系数 ε_c	流量系数 μ_0	泄流量 Q /(m³/s)	单宽流量 q /[m³/(s·m)]	收缩水深 h_c /m	跃后水深 h_c'' /m	下游水深 h_s /m	$(h_c''-h_s)$ /m	流态判别	备注
3	0.8	0.094	0.615	0.583	144.6	6.02	0.49	3.64	3.27	0.37	自由出流	
	1.0	0.118	0.616	0.579	179.5	7.48	0.62	4.01	3.69	0.31		
	1.5	0.176	0.619	0.569	264.4	11.02	0.93	4.72	4.56	0.16		
	2.0	0.235	0.621	0.559	346.1	14.42	1.24	5.25	5.54		淹没出流	
	2.3	0.271	0.623	0.552	393.6	16.40	1.43	5.51	5.75			
	2.5	0.294	0.625	0.548	424.6	17.69	1.56	5.66	6.06			
	2.7	0.318	0.627	0.544	455.1	18.96	1.69	5.79	6.37			

（2）消力池尺寸及构造。

1）消力池深度计算。根据所选择的控制条件，用式（3-4）、式（3-1）、式（3-5）、式（3-6）计算初步估算消力池尺寸，结果列入表3-5。

表3-5　　　　　　　　　　　　消力池池深池长估算表

开启孔数 n	单宽流量 q /[m³/(s·m)]	收缩水深 h_c/m	跃后水深 h_c''/m	下游水深 h_s'/m	Δz/m	消力池尺寸			
						池深 d /m	水跃长 L_j /m	L_s /m	池长 L_{sj} /m
1	6.39	0.52	3.74	1.65	0.70	1.58	22.2	6.3	21.8
	7.48	0.62	4.01	1.83	0.76	1.61	23.4	6.4	22.8
	11.02	0.93	4.72	2.44	0.87	1.64	26.2	6.6	24.9
	14.42	1.24	5.25	2.72	1.20	1.59	27.7	6.4	25.8
	16.40	**1.43**	**5.51**	**2.96**	**1.28**	**1.54**	**28.1**	**6.2**	**25.9**
	17.69	1.56	5.66	3.12	1.32	1.51	28.3	6.0	25.8
	18.96	1.69	5.79	3.27	1.35	1.46	28.3	5.8	25.6
3	6.39	0.52	3.74	3.27	0.07	0.59	22.2	2.3	17.9
	7.48	0.62	4.01	3.69	0.05	0.46	23.4	1.8	18.2
	11.02	0.93	4.72	4.56	0.05	0.34	26.2	1.4	19.7
	14.42	1.24	5.25	5.54					
	16.40	1.43	5.51	5.75					
	17.69	1.56	5.66	6.06					
	18.96	1.69	5.79	6.37					

注　1. 流速系数 φ 取 0.95，水跃长度校正系数 β 取 0.7。

　　2. 表中加黑行为消力池最不利条件。

估算池深为 2.0m，则 $T_0=2.0+8.5=10.5$（m），用式（3-2）～式（3-4）计算挖池后的收缩水深 h_c 和相应的出池落差 Δz 及跃后水深 h_c''，其结果见表3-6。验算水跃淹没系数符合为 1.05～1.10 的要求。

表 3-6 挖池后相应参数计算成果表

项目	T_0/m	单宽流量 $q/(\mathrm{m}^3/\mathrm{s})$	流速系数 ψ	收缩水深 h_c/m	跃后水深 h_c''/m	下游水深 h_s/m	$\Delta z/\mathrm{m}$
数值	10.5	16.40	0.95	1.26	6.00	2.96	1.35

$$\sigma_0 = \frac{d + h_s' + \Delta z}{h_c''} = \frac{2 + 2.96 + 1.35}{6.00} = 1.05$$

2）消力池池长。根据池深为 2.0m，用式（3-5）和式（3-6）计算出相应的消力池长度为 30.0m。

一般地说，建筑物下泄的最大流量可能是池长的设计流量。池深和池长的设计流量可能不是一个值，更不见得就是建筑物的设计流量。这是消力池水力设计需要注意的问题。

3）消力池的构造。采用挖深式消力池。为了便于施工，消力池的底板做成等厚，为了降低底板下部的渗透压力，在水平底板的后半部设置排水孔，孔下铺设反滤层，排水孔孔径为 10cm，间距为 2m，呈梅花形布置（图 3-10）。

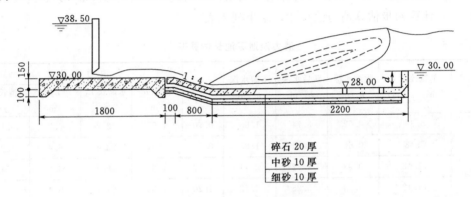

图 3-10 消力池构造尺寸图（单位：高程 m，尺寸 cm）

根据抗冲要求，按式（3-7）计算消力池底板厚度。

$t = k_1 \sqrt{q \sqrt{\Delta H'}} = 0.15 \times \sqrt{16.40 \times \sqrt{8.5 - 2.96}} = 0.93$（m），取消力池底板的厚度 $t = 1.0$m。

（3）海漫设计。

1）海漫长度计算。用式（3-9）计算海漫长度，结果列入表 3-7。其中 k_s 为海漫长度计算系数，根据闸基土质为粉质壤土则选 11。取计算表中的大值，确定海漫长度为 40m。

2）海漫构造。因为对海漫的要求为有一定的粗糙度以便进一步消除余能，有一定的透水性，有一定的柔性。所以选择在海漫的起始段为 10m 长的浆砌石水平段，因为浆砌石的抗冲性能较好，其顶面高程与护坦齐平；后 30m 做成坡度为 1:15 的干砌石段，以使水流均匀扩散，调整流速分布，保护河床不受冲刷。海漫厚度为 0.6m，下面铺设 15cm 的砂垫层。

（4）防冲槽设计。

海漫末端河床冲刷坑深度按式（3-10）计算，其中河床土质的不冲流速可按下式计算。按不同情况计算见表 3-8。

表 3-7 海漫长度计算表

流量 $Q/(m^3/s)$	上游水深 H/m	下游水深 h'_s/m	$q/[m^3/(s \cdot m)]$	$\Delta H'/m$	L_p/m
100	8.5	2.49	1.56	6.01	21.53
200	8.5	3.79	3.13	4.71	28.64
300	8.5	4.82	4.69	3.68	32.98
400	8.5	5.67	6.25	2.83	35.67
500	8.5	6.42	7.81	2.08	36.93
600	8.5	7.10	9.38	1.40	36.61
700	8.5	7.72	10.94	0.78	34.17

表 3-8 冲刷坑深度计算表

计算情况	q_m $/[m^3/(s \cdot m)]$	相应过水水面积 A/m^2	湿周 χ $/m$	$R^{1/5}$	$[v_0]$ $/(m/s)$	海漫末端河床水深 h/m	d_m/m
设计情况	9.37	940	126.57	1.49	1.19	9	−0.38
校核情况	12.97	1060	128.80	1.52	1.22	10	1.70

$$[v_0] = v_0 (R^{1/4 \sim 1/5}) = v_0 R^{1/5} \qquad (3-11)$$

其中

$$R = \frac{A}{\chi}$$

式中 $[v_0]$——河床土质的不冲流速，m/s；

v_0——参考黏性土渠道允许不冲流速取 0.8m/s；

R——水力半径，m。

根据计算确定防冲槽的深度为 1.70m。采用宽浅式，底宽取 3.4m，上游坡率为 2，下游坡率为 3，出槽后做成坡率为 5 的斜坡与下游河床相连，如图 3-9 所示。

习　题

一、填空题

1. 水闸下游易出现的不利流态有_____和_____。

2. 消能设计的控制条件一般是上游水位高、闸门_____开启和单宽流量_____。

3. 底流消能设施有_____式、_____式和_____式三种形式。

4. 进一步削减水流剩余能量，保护护坦安全，并调整流速分布，保护河床、防止冲刷的消能设施是_____。

5. 底流消能是在水闸下游产生_____水跃来进行消能的。

二、简答题

1. 水闸常用哪种消能方式？简述消能防冲设施的形式、布置和构造。

2. 如何选择消能防冲的设计条件？

任务四 水闸的防渗与排水

知识要求：掌握水闸地下轮廓线的定义及其在不同地基情况下的布置，改进阻力系数法、流网法、直线比例法三种闸基渗流计算方法，闸基防渗与排水措施。

技能要求：会用直线比例法和改进阻力系数法分析水闸渗流，并作出渗透压力图。

子任务一 地下轮廓布置

水闸的防渗排水设计任务在于经济合理地拟定闸的地下（及两岸）轮廓线形式和尺寸，以消除和减小渗流对水闸产生的不利影响，防止闸基和两岸产生渗透破坏。

一、地下轮廓线概念

如图 4-1 所示，水流在上下游水位差 H 作用下，经地基向下游渗透，并从护坦的排水孔等处排出。上游铺盖、板桩及水闸底板等不透水部分与地基的接触线，即图中折线 0、1、2、…、15、16 是闸基渗流的第一条流线，也称为地下轮廓线，其长度称为闸基防渗长度。

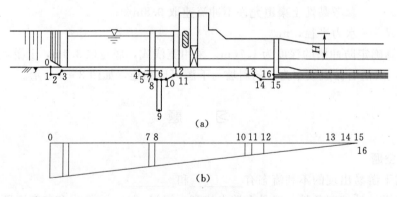

图 4-1 闸基渗流示意图

初步拟定的闸基防渗长度应满足下式要求：

$$L \geqslant CH \tag{4-1}$$

式中　L——闸基防渗长度，即闸基轮廓防渗部分水平段和垂直段长度的总和，m；

　　　H——上、下游水位差，m；

　　　C——允许渗径系数值，见表 4-1。当采用板桩时，允许渗径系数值可采用表中规定值的小值。

二、不同地基地下轮廓线的布置

闸基防渗长度初步确定后，可根据地基特性，参考已建的工程经验进行闸基地下轮廓线布置。

表 4-1　　　　　　　　　　　　　　　　　　允许渗径系数值

排水条件 地基类别	粉砂	细砂	中砂	粗砂	中砾、细砾	粗砾夹卵石	轻粉质砂壤土	轻砂壤土	壤土	黏土
有反滤层	9～13	7～9	5～7	4～5	3～4	2.5～3	7～11	5～9	3～5	2～3
无反滤层	—	—	—	—	—	—	—	—	4～7	3～4

防渗设计一般采用防渗与排水相结合的原则，即在高水位侧采用铺盖、板桩、齿墙等防渗设施，用以延长渗径减小渗透坡降和闸底板下的渗透压力；在低水位侧设置排水设施，如面层排水、排水孔或减压井与下游连通，使地基渗水尽快排出，以减水渗透压力，并防止在渗流出口附近发生渗透变形。

地下轮廓布置与地基土质有密切关系，现分述如下。

1. 黏性土地基

黏性土壤具有黏聚力，不易产生管涌，但摩擦系数较小。因此，布置地下轮廓线时，排水设施可前移到闸底板下，以降低底板下的渗透压力并有利于黏土加速固结［图4-2（a）］，以提高闸室稳定性。防渗措施常采用水平铺盖，而不用板桩，以免破坏黏土的天然结构，在板桩与地基间造成集中渗流通道。水平铺盖的材料一般为钢筋混凝土、黏土或土工膜。

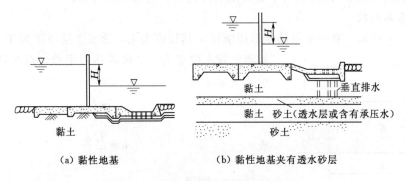

（a）黏性地基　　　　　（b）黏性地基夹有透水砂层

图 4-2　黏性地基上地下轮廓布置图

黏性土地基内夹有承压透水层时，应考虑设置垂直排水，如图4-2（b）所示，以便将承压水引出。

2. 砂性土地基

砂性土粒间无黏着力，易产生管涌，要求防止渗透变形是其考虑主要因素；砂性土摩擦系数较大，对减小渗透压力要求相对较小。当砂层很厚时，可采用铺盖与板桩相结的形式，排水设施布置在护坦上，如图4-3（a）所示。必要时，在铺盖前端再加设一道短板桩，以加长渗径；当砂层较薄，下面有不透水层时，可将板桩插入不透水层，如图4-3（b）所示；当地基为粉细砂土基时，为了防止地基液化，常将闸基四周用板桩封闭起来，图4-3（c）是江苏某挡潮闸防渗排水的布置方式。因其受双向水头作用，故水闸上下游均设有排水设施，而防渗设施无法加长。设计时应以水头差较大的一边为主，另一边为辅，并采取除降低渗压以外的其他措施，提高闸室的稳定性。

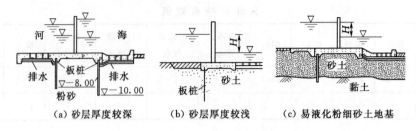

（a）砂层厚度较深　　（b）砂层厚度较浅　　（c）易液化粉细砂土地基

图4-3　砂性地基上地下轮廓布置图

子任务二　闸基渗流计算

闸基渗流计算的目的，在于求解渗透压力、渗透坡降，并验算地基土在初步拟定的地下轮廓线下的抗渗稳定性。常用的渗流计算方法有改进阻力系数法、流网法和直线比例法。对于地下轮廓比较简单，地基又不复杂的中、小型工程，可考虑采用直线法。

一、改进阻力系数法

改进阻力系数法是在阻力系数法的基础上发展起来的，这两种方法的基本原理非常相似。主要区别是改进阻力系数法的渗流区划分比阻力系数法多，在进出口局部修正方面考虑得更详细些。因此，改进阻力系数法是一种较高的近似计算方法。

（一）基本原理

如图4-4所示，有一简单的矩形渗流区，其长度为L，透水土层厚度为T，两断面间的测压管水位差为h。根据达西定律，通过该渗流区的单宽流量q为

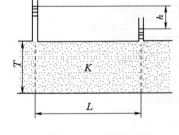

图4-4　矩形渗流区

$$q = K \frac{h}{L} T \qquad (4-2)$$

或

$$h = \frac{L}{T} \frac{q}{K} \qquad (4-3)$$

令$\frac{L}{T} = \xi$，则得

$$h = \xi \frac{q}{K} \qquad (4-4)$$

式中　ξ——阻力系数，ξ值仅和渗流区的几何形状有关，它是渗流边界条件的参数。

对于比较复杂的地下轮廓，需要把整个渗流区大致按等势线位置分成若干典型渗流段，每个典型渗流段都可利用解析法求得阻力系数ξ，其计算公式见表4-2。

如图4-5所示的简化地下轮廓，可由2、3、4、5、6、7、8、9、10点引出等势线，将渗流区划分成10个典型流段，并按表4-2中的公式计算出各段的ξ_i，再由式（4-7）得到任一典型流段的水头损失h_i。

对于不同的典型段，ξ值是不同的，而根据水流的连续原理，各段的单宽渗流量应该相同。所以，各段的q/K值相同，而总水头H应为各段水头损失的总和，于是得

$$h_i = \xi_i \frac{q}{K} \qquad (4-5)$$

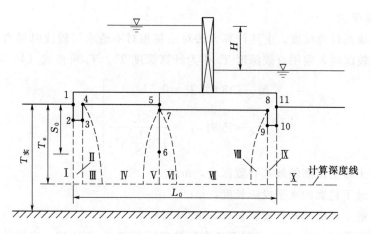

图 4-5　改进阻力系数法计算

$$H = \sum_{i=1}^{m} h_i = \frac{q}{K} \sum_{i=1}^{m} \xi_i \qquad (4-6)$$

$$h_i = \xi_i \frac{\Delta H}{\sum_{i=1}^{n} \xi_i} \qquad (4-7)$$

表 4-2　　　　　　　　　　　　　典型流段的阻力系数

区段名称	典型流段形式	阻力系数 ξ 的计算公式
进口段和出口段		$\xi_0 = 1.5\left(\dfrac{S}{T}\right)^{\frac{3}{2}} + 0.441$
内部垂直段		$\xi_y = \dfrac{2}{\pi}\mathrm{lncot}\left[\dfrac{\pi}{4}\left(1 - \dfrac{S}{T}\right)\right]$
内部水平段		$\xi_x = \dfrac{L_x - 0.7(S_1 + S_2)}{T}$

求出各段的水头损失后，再由出口处向上游方向依次叠加，即得各段分界点的渗压水头。两点之间的渗透压强可近似地认为呈直线分布。进出口附近各点的渗透压强，有时需要修正。如要计算 q，可按式（4-5）进行。

（二）计算步骤

（1）确定地基计算深度。上述计算方法对地基相对不透水层较浅时可直接应用，但在相对不透水层较深时，须用有效深度 T_e 作为计算深度 T_c。T_e 可按式（4-8）计算确定。

$$\left.\begin{array}{l} \text{当} \dfrac{L_0}{S_0} \geqslant 5 \text{ 时}, T_e = 0.5 L_0 \\[3mm] \text{当} \dfrac{L_0}{S_0} < 5 \text{ 时}, T_e = \dfrac{5 L_0}{1.6 \dfrac{L_0}{S_0} + 2} \end{array}\right\} \qquad (4-8)$$

式中　T_e——土基上水闸的地基有效深度，m；

　　　L_0——地下轮廓的水平投影长度，m；

　　　S_0——地下轮廓的垂直投影长度，m。

算出有效深度 T_e 后，再与相对不透水层的实际深度 T_a 相比较，应取其中的小值作为计算深度 T_c。

（2）按地下轮廓形状将渗流区分成若干典型渗流段，利用表4-2计算各段的阻力系数 ξ，并计算各段的水头损失 h_i。

（3）以直线连接各分段计算点的水头值，便可绘出渗透压强分布图。

（4）对进、出口段水头损失值和渗透压强分布图形进行局部修正。计算公式如下：

$$h_0' = \beta' h_0 \qquad (4-9)$$

$$h_0 = \sum_{i=1}^{n} h_i \qquad (4-10)$$

$$\beta' = 1.21 - \frac{1}{\left[12\left(\dfrac{T'}{T}\right)^2 + 2\right]\left(\dfrac{S'}{T} + 0.059\right)} \qquad (4-11)$$

$$\Delta h = (1 - \beta') h_0$$

式中　h_0'——进、出口段修正后的水头损失值，m；

　　　h_0——进、出口段水头损失值，m；

　　　β'——阻力修正系数，当计算的 $\beta' \geqslant 1.0$ 时，采用 $\beta' = 1.0$；

　　　S'——底板埋深与板桩入土深度之和，m，如图4-6所示；

　　　T'——板桩另一侧地基透水层深度或齿墙底部至计算深度线的铅直距离，m，如图4-6所示；

　　　Δh——修正后水头损失的减小值，m。

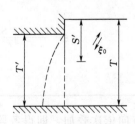
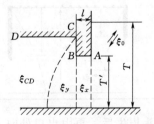

（a）有板桩的进出口渗流计算示意　　（b）有齿墙的进出口渗流计算示意

图4-6　进出口渗流计算示意图

（5）当阻力修正系数时，除进、出口段的水头损失需作修正外，在其附近的内部典型段内仍需修正。

1）当 $h_x \geqslant \Delta h$ 时，可按下式修正：

$$h'_x = h_x + \Delta h$$

式中　h'_x——修正后的水平段水头损失；

　　　　h_x——水平段的水头损失值。

2）当 $h_x < \Delta h$ 时，可按下面两种情况修正：

当 $h_x + h_y \geqslant \Delta h$ 时，则

$$h'_x = 2h_x, h'_y = h_y + \Delta h - h_x$$

式中　h_y——内部铅直段的水头损失值；

　　　　h'_y——修正后的内部铅直段水头损失值。

当 $h_x + h_y < \Delta h$ 时，则

$$h'_x = 2h_x, h'_y = 2h_y, h'_{CD} = h_{CD} + \Delta h - (h_x + h_y)$$

式中　h_{CD}——CD 段的水头损失值；

　　　　h'_{CD}——修正后的 CD 段水头损失值。

（6）出口段渗流坡降值可按式（4-12）计算：

$$J = \frac{h'_0}{S'} \tag{4-12}$$

式中　J——出口段渗流坡降值。

出口段和水平段的渗流坡降都应满足表 4-3 的允许渗流坡降的要求，防止地下水渗流冲蚀地基土并造成渗透变形。

表 4-3　水平段和出口段的允许渗流坡降［J］值

分段	地　基　类　别										
	粉砂	细砂	中砂	粗砂	中砾细砾	粗砾夹卵石	砂壤土	壤土	软黏土	坚硬黏土	极坚硬黏土
水平段	0.05～0.07	0.07～0.10	0.10～0.13	0.13～0.17	0.17～0.22	0.22～0.28	0.15～0.25	0.25～0.35	0.30～0.40	0.40～0.50	0.50～1.00
出口段	0.25～0.30	0.30～0.35	0.35～0.40	0.40～0.45	0.45～0.50	0.50～0.55	0.40～0.50	0.50～0.60	0.60～0.70	0.70～0.80	0.80～0.91

注　当渗流出口处设反滤层时，表列数值可加大 30%。

二、流网法

对于边界条件复杂的渗流场，很难求得精确的渗流理论解，工程上往往利用流网法解决任一点渗流要素。流网的绘制可以通过实验或图解来完成。前者运用于大型水闸复杂厂地下轮廓和土基；后者运用于均质地基上的水闸，既简便迅速，又有足够的精度。图 4-7 是不同地下轮廓的流网图，利用它可以求得渗流区内任一点的渗流要素。

流网的基本原理和绘制方法与土石坝相同，不同的是土石坝渗流是无压渗流，闸基渗流是有压渗流。闸基渗流的边界条件常按下述方法确定：地下轮廓线作为第一条流线；地基中埋深较浅的不透水层表面作为最后一条流线。如果透水层很深，可认为渗流区的下部

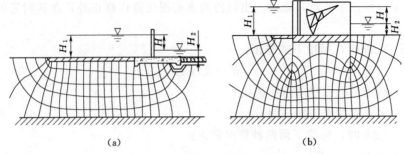

图 4-7 不同地下轮廓的流网图

边界线为半圆弧线，该弧线的圆心位于地下轮廓线水平投影的中心，半径是地下轮廓线水平投影长度的 1.5 倍。设置板桩时，则半径应为地下轮廓线垂直投影的 3 倍，与前者比较，取其中较大值。渗流入渗的上游河床是第一条等势线；渗流出口处的反滤层或垫层是最后一条等势线。流网绘成后，即可计算下述渗流要素：

（1）渗透压力。如图 4-8（a）所示的流网图，将各等势线与底板的交点位置向下投影到一水平线上，并将各交点的渗透压力水头（就是各该等势线的水头）按比例绘出，连接各点渗压水头的端点，即得出闸底的渗透压力分布图 [图 4-8（b）]。

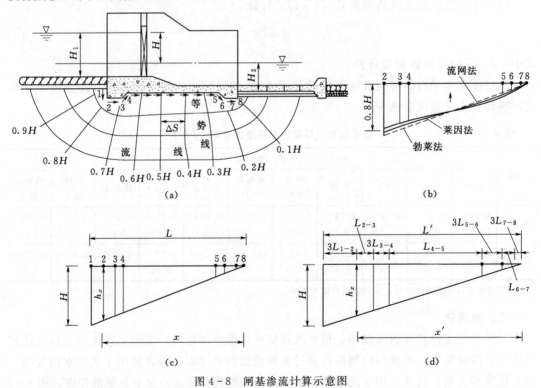

图 4-8 闸基渗流计算示意图

（2）渗透坡降、渗透流速、渗透流量。计算方法和公式可参考土石坝有关内容。对渗透变形影响较大的渗流出逸坡降或流速，须从地下轮廓后部渗流出口处的流网网格求得。计算公式为

$$J_0 = \frac{h}{t} \qquad (4-13)$$

式中 J_0——渗流出逸坡降；

h——渗流出口处齿墙或短板桩底部 M 点的渗压水头值（图 4-9）；

t——齿墙或短板桩底部至排水滤层的垂直距离。

三、直线比例法

直线比例法是假定渗流沿地下轮廓流动时，水头损失沿程按直线变化，求地下轮廓各点的渗透压力。直线比例法有勃莱法和莱因法两种。

（一）勃莱法

如图 4-8 (b) 所示，将地下轮廓予以展开，按比例绘一直线，在渗流开始点 1 作一长度为 H 的垂线，并由垂线顶点用直线和渗流逸出点 8 相连，即得地下轮廓展开成直线后的渗透压力分布图。任一点的渗透压力 h_x [4-8 (c)]，可按比例求得：

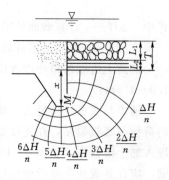

图 4-9 出逸坡降计算图

$$h_x = \frac{H}{L}x \qquad (4-14)$$

（二）莱因法

根据工程实践，莱因法认为水流在水平方向流动和垂直方向流动，消能的效果是不一样的，后者为前者的 3 倍。在防渗长度展开为一直线时，应将水平渗径除以 3，再与垂直渗径相加，即得折算后的防渗长度，然后按直线比例法求得各点渗透压力，如图 4-8 (d) 所示。

从图 4-8 (b) 可以看出莱因法更接近流网法。直线比例法计算结果与实际情况有一定出入，但因计算简便，在地下轮廓简单、地基又不复杂的低水头小型水闸设计时常采用。

四、闸基渗透压力

闸基单位长度渗透压力大小为渗透压力图的面积与水的容重之积。

岩基上水闸基底渗透压力计算可采用全截面直线分布法，同时考虑设置防渗帷幕和排水孔对降低渗透压力的作用和效果，此时与重力坝基底渗透压力的计算方法完全相同。

土基上水闸基底渗透压力计算可采用改进阻力系数法和流网法。利用改进阻力系数法画出的渗透压力图进行渗透压力计算。

子任务三 防渗与排水设施

一、防渗设施

防渗设施是指构成地下轮廓的铺盖、齿墙、板桩及灌浆，而排水设施则是指铺设在护坦、浆砌石海漫底部或闸底板下游段起导渗作用的砂砾石层。排水常与反滤层结合使用。

（一）铺盖

铺盖主要用来延长渗径，应具有相对的不透水性；为适应地基变形，也要有一定的柔性。铺盖常用黏土、黏壤土或沥青混凝土做成，有时也可用钢筋混凝土作为铺盖材料。

1. 黏土和黏壤土铺盖

铺盖的渗透系数应低于地基土的渗透系数的1/100。

铺盖的长度应由闸基防渗需要确定，一般采用上、下游最大水位差的3～5倍。

铺盖的厚度δ应根据铺盖土料的允许水力坡降值计算确定。

$$\delta = \frac{\Delta H}{[J]} \tag{4-15}$$

式中　ΔH——计算截面处铺盖顶面和底面的水头差；

　　　$[J]$——材料的容许坡降，黏土为4～8，壤土为3～5。

铺盖上游端的最小厚度由施工条件确定，一般为0.6～0.8m，逐渐向闸室方向加厚至1.0～1.5m。

铺盖与底板连接处为一薄弱部位，通常将底板前端做成斜面，使黏土能借自重及其上的荷载与底板紧贴，在连接处铺设油毛毡等止水材料，一端用螺栓固定在斜面上，另一端埋入黏土铺盖中，如图4-10所示。为了防止铺盖在施工期遭受破坏和运行期间被水流冲刷，应在其表面先铺设砂垫层，然后再铺设单层或双层块石护面。

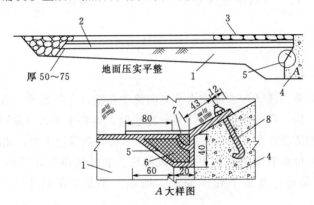

图4-10　黏土铺盖的细部构造（单位：cm）

1—黏土铺盖；2—垫层；3—浆砌块石保护层（或混凝土板）；4—闸室底板；
5—沥青麻袋；6—沥青填料；7—木盖板；8—斜面上螺栓

2. 混凝土、钢筋混凝土铺盖

如当地缺乏黏性土料，或以铺盖兼作阻滑板增加闸室稳定时，可采用混凝土或钢筋混凝土铺盖（图4-11）。其厚度一般为0.4～0.6m，与底板连接处应加厚至0.8～1.0m。铺盖与底板、翼墙之间用沉降缝分开。铺盖本身在顺水流方向上也应设温度沉降缝，缝距为15～20m，靠近翼墙的缝距应小一些，缝中均应设止水（图4-11）。混凝土强度等级为C20，配置温度和构造钢筋。对于要求起阻滑作用的铺盖，应按受力大小配筋。

此外，还有沥青混凝土和浆砌块石铺盖。

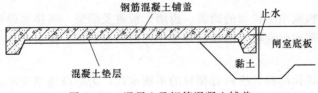

图4-11　混凝土及钢筋混凝土铺盖

（二）齿墙

闸底板的上、下游端一般都设有齿墙，它有利于抗滑稳定，并可延长渗径。齿墙深度一般为 1.0～2.0m。

（三）板桩

板桩的作用随其位置不同而不同。一般设在闸底板上游端或铺盖前端，主要用以降低渗透压力，有时也设在底板下游端，以减小出口段坡降或出逸坡降，但一般不宜过长，否则将过多地加大底板所受的渗透压力。

打入不透水层的板桩，嵌入深度不应小于 1.0m。如透水层很深，则板桩长度视渗流分析结果和施工条件而定，一般采用水头的 0.6～1.0 倍。

板桩材料有木材、钢筋混凝土和钢材。木板桩长一般为 3～5m，最大 8m，厚 8～12cm，适用于砂土地基。钢筋混凝土板桩，多为现场预制，长 4～6m，宽 50～60cm，厚 10～50cm，适用于各种非岩石地基。板桩顶端与闸室底板的连接形式有两种：一种是把板桩紧靠底板前缘，顶部嵌入黏土铺盖一定深度，如图 4-12（a）所示；另一种是把板桩顶部嵌入底板底面特设的凹槽内，桩顶填塞可塑性较大的不透水材料，如图 4-12（b）所示。前者适用于闸室沉降量较大，而板桩尖已插入坚实土层的情况；后者则适用于闸室沉降量小，而板桩尖未达到坚实土层的情况。

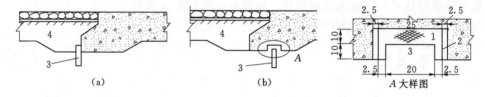

图 4-12 板桩与底板的连接（单位：cm）
1—沥青；2—预制挡板；3—板桩；4—铺盖

（四）帷幕灌浆

帷幕灌浆是在岩石或砂砾石地基中，采用水泥浆液灌入地基的裂隙、孔隙，形成连续的阻水防渗帷幕，以减小基础渗流量和降低渗透压力的灌浆工程。帷幕灌浆顶部与混凝土闸底板或坝体连接，底部深入相对不透水岩层一定深度，以阻止或减少地基中地下水的渗透。帷幕灌浆与位于其下游 2.0m 左右的闸基或坝基排水系统共同作用，降低渗透水流对闸、坝的渗透压力。20 世纪以来，帷幕灌浆一直是水工建筑物地基防渗处理的主要手段，对保证水工建筑物的安全运行起着重要作用。帷幕灌浆一般用于透水性强的岩石层，可灌深度较大，但对砂卵石层，因孤立卵石存在，可灌性差，难以达到灌浆防渗效果。帷幕灌浆按防渗帷幕的灌浆孔排数分为单排孔帷幕和多排孔帷幕。地质条件复杂且水头较高时，多采用多排孔帷幕。按灌浆孔底部是否深入相对不透水岩层划分为深入的封闭式帷幕和不深入的悬挂式帷幕。

（五）高压喷射灌浆

高压喷射灌浆是使浆液在很高的压力下通过注浆管，从喷嘴高压射出，注入地基。在射流的冲击、切削、搅拌作用下，浆液与原地基混为一体，对地基产生挤压、渗透作用，使灌浆体与周围土体的密实度和承载能力得到提高。高喷防渗墙是指采用高喷灌浆技术构筑的，以防渗为主要目的，形成的地下连续防渗墙。高喷灌浆的方法有单管法、双管法、三管法。单管法是指喷射管路为单一管路、喷射介质为单一水泥基质浆液的高喷方法；双管法是指高速射流束为水泥基质浆液，其外侧同时环绕压缩空气的高喷方法；三管法是指高速射流束为清水，其外侧同时环绕压缩空气，而水泥基质浆液以较低压力灌注的高喷方法。目前采用较多的为三管法。

高压喷射灌浆根据工艺不同分为高压定喷、高压摆喷、高压旋喷等。高压定喷是使喷射射流固定在一定方向进行喷射，能量集中，同时轴向提升喷射管，射流自下而上切割地层，并且使较大颗粒被挤压在沟槽周边，浆液和土中细颗粒土料充填沟槽内部，从而在地层中形成一道薄板墙的高喷灌浆施工方法。高压摆喷是使喷射管做一角度的摆动和提升运动，在地层中形成扇形断面的桩柱体的施工方法。高压旋喷是喷射管边提升边旋转单孔形成似圆柱体的凝结体的施工方法，旋喷时，因有自下而上的提升和旋转的双重作用，不仅对地层切割剥蚀、升扬置换、强制掺搅、凝结硬化、充填挤压、移动包裹，还有旋转的离心力搅拌作用，柱状凝结体在横断面上的土粒按大小排列，小粒在中间，大粒在外侧，形成了浆液主体层、搅拌混合层、挤压层和渗透凝结层。经验证明：定喷适用于黏性土、粉土、砂土细颗粒松散地层，摆喷适用于黏性土、粉土、砂土、砾石中颗粒松散地层，旋喷适用于黏性土、粉土、砂土、砾石、卵石粗颗粒松散地层。成墙形状因工艺的不同而不同，旋喷形成圆柱状，摆喷形成扇形状、哑铃状，定喷形成板状。

三种工艺下的成墙形状如图 4-13 所示。

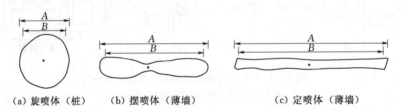

（a）旋喷体（桩）　　　　（b）摆喷体（薄墙）　　　　（c）定喷体（薄墙）

图 4-13　高压旋喷、摆喷、定喷成墙形状图

A—延伸长度；B—有效长度

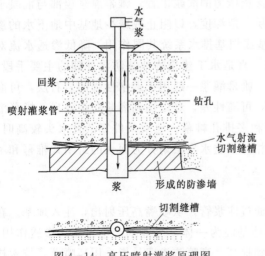

图 4-14　高压喷射灌浆原理图

高压喷射灌浆原理如图 4-14 所示。

（六）垂直（塑性）混凝土板墙

在松散透水地基中连续造孔，以泥浆固壁，往孔内灌注混凝土而建成的墙型防渗建筑物。它是对闸坝、土石坝等水工建筑物在松散透水地基中进行垂直防渗处理的主要措施之一。防渗墙按分段建造，一个圆孔或槽孔浇筑混凝土后构成一个墙段，许多墙段连成一整道墙。墙的顶部与闸坝的防渗体连接，两端与岸边的防渗设施连接，底部嵌入基岩或相对不透水地层中一定深度，即可截断或减少地基中的渗透水

流，对保证地基的渗透稳定和闸坝安全、充分发挥水闸效益有重要作用。

防渗墙混凝土一般具有适当的强度、较高的抗渗标号、较低的弹性模量，因此混凝土拌和料也要有良好的和易性与较高的坍落度。采用直升导管法在泥浆内浇筑混凝土能有效地将泥浆与混凝土隔开。在砂卵石基础内浇筑防渗墙混凝土要控制孔内混凝土面的上升速度，以防开裂。不论采用何种墙型，相邻墙段之间或桩柱之间的连接工艺是防渗墙施工技术中的难点。工程实践证明，接缝质量不良常会成为坝基中的隐患。因此，防渗墙施工中要严格保证质量。

混凝土防渗墙按材料的不同分为普通混凝土防渗墙和塑性混凝土防渗墙。塑性混凝土防渗墙中添加黏土和膨润土。

垂直（塑性）混凝土板墙墙厚一般为30cm，锯槽机挖槽，浇筑（塑性）混凝土，形成连续（塑性）混凝土板墙，两侧要留有足够的绕渗渗径以防绕渗。但是对砂卵石基础成槽困难。

二、排水设施

排水的位置直接影响渗压的大小和分布，应根据闸基土质情况和水闸的工作条件，做到既减小渗压又避免渗透变形。一般采用直径为1～2cm的卵石、砾石或碎石等平铺在预定范围内，最常用的是在护坦和浆砌石海漫底部，或伸入底板下游齿墙稍前方，厚约0.2～0.3m。为防止渗透变形，应在排水与地基接触处（即渗流出口附近）做好反滤层。

三、水闸的侧向绕渗

水闸建成挡水后，除闸基渗流外，渗流还从上游高水位绕过翼墙、岸墙和刺墙等流向下游，称为侧向绕渗（图4-15）。绕渗对翼墙、岸墙施加水压力，影响其稳定性；在渗流出口处，以及填土与岸、翼墙的接触面上可能产生渗透变形。此外，它还会影响闸和地基的安全。因此，应做好侧向防渗排水设施。

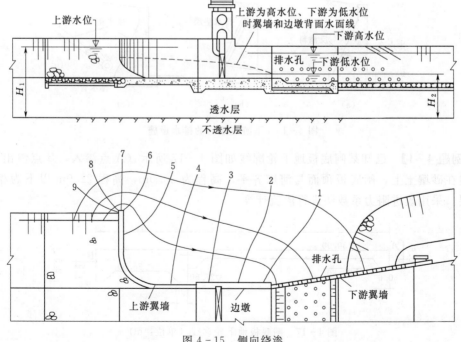

图4-15 侧向绕渗

（一）侧向绕渗计算

侧向绕渗具有自由水面，属于三维无压渗流。当河岸土质均一，在其下面有水平不透水层时，可将三维问题简化成二维问题，按与闸基有压渗流相似的方法或流网法或改进阻力系数法求解绕渗要素。如果墙后土层的渗透系数小于地基渗透系数，侧向绕渗压力可以近似地采用相对应部位的闸基扬压力计算值，这样计算既简便，又有一定的安全度。如果前者大于后者，对于大型水闸，应用三维电拟试验验证。

（二）侧向防渗措施

侧向防渗排水布置（包括刺墙、板桩、排水井等）应根据上下游水位、墙体材料和墙后土质以及地下水位变化等情况综合考虑，并应与闸基的防渗排水布置相适应，使在空间上形成防渗整体。若铺盖长于翼墙，在岸坡上也应设铺盖，或在伸出翼墙范围的铺盖侧部加设垂直防渗措施，以保证铺盖的有效防渗长度，防止在空间上形成防渗漏洞。防渗设备除利用翼墙和岸墙外，还可根据需要在岸墙或边墩后面靠近上游处增设板桩或刺墙，以增加侧向渗径。刺墙与边墩或岸墙之间需要用沉陷缝分开，缝中设止水设备。为避免填土与边墩、翼墙的接触面上产生集中渗流，常需设一些短的刺墙，并使边墩与翼墙的挡水面稍成倾斜，使填土借自重紧压在墙背上。为排除渗水，单向水头的水闸可在下游翼墙和护坡上设置排水设施。排水设施多种多样，可根据墙后回填土的性质选用不同的形式。如：①排水孔，在稍高于地面的下游墙上，每隔 2~4m 留一直径 5~10cm 的排水孔，以排除墙后的渗水，这种布置适用于透水性较强的砂性回填土，如图 4-16（a）所示；②连续排水垫层，在墙背上覆盖一层用透水材料做成的排水垫层，使渗水经排水孔排向下游，如图 4-16（b）所示，这种布置适用于透水性很差的黏性回填土。连续排水垫层也可沿开挖边坡铺设，如图 4-16（c）所示。

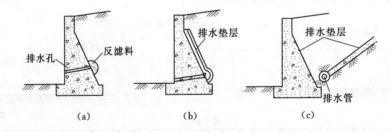

图 4-16　下游翼墙后的排水设施

【例题 4-1】 已知某闸底板地下轮廓线如图 4-17 所示（A 点渗入，B 点渗出），闸底板建在砂壤土上，闸底板顶面与河床齐平，高程为 30.0m，高程 22.0m 以下为相对不透水层。采用改进阻力系数法进行渗流计算。

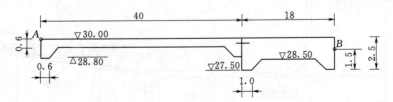

图 4-17　闸底板地下轮廓线（单位：m）

解：（1）地基有效深度的计算。

根据式（4-8）判断 $\dfrac{L_0}{S_0}=23.2\geqslant5$，地基有效深度 T_e 为

$$T_e=0.5\times l_0=0.5\times58=29(\text{m})$$

大于实际的地基透水层深度 8m，所以取小值 $T_e=8\text{m}$。

（2）分段阻力系数的计算。

对地下轮廓线进行简化，通过地下轮廓的各角点和尖端将渗流区域分成 9 个典型段，如图 4-18 所示。其中①、⑨段为进出口段，用"进出口段公式"计算阻力系数；③、⑤、⑦段为内部垂直段，用"内部垂直段公式"计算相应的阻力系数；②、④、⑥、⑧段为水平段，用"内部水平段公式"计算相应的阻力系数。各典型段的水头损失用式（4-7）计算。结果列入表 4-4 中。对于进出口段的阻力系数修正，按式（4-9）～式（4-11）计算，结果见表 4-5。

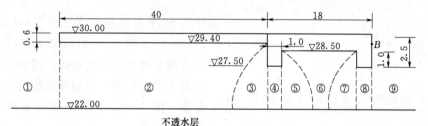

图 4-18 渗流区域分段图（单位：m）

表 4-4　　　　　　　　　　　　各段渗透压力水头损失

分段编号	分段名称	S/m	S_1/m	S_2/m	T/m	L/m	阻力系数 ξ_i	h_i/m	h_i'/m
①	进口	0.6	—	—	8	—	0.47	0.42	0.25
②	水平	—	0	1.9	7.4	40	5.23	4.69	4.86
③	垂直	1.9	—	—	7.4	—	0.26	0.24	0.24
④	水平	—	0	0	5.5	1	0.18	0.16	0.16
⑤	垂直	1	—	—	6.5	—	0.16	0.14	0.14
⑥	水平	—	1	1	6.5	16	2.25	2.02	2.02
⑦	垂直	1	—	—	6.5	—	0.16	0.14	0.14
⑧	水平	—	0	0	5.5	1	0.18	0.16	0.18
⑨	出口	1.5	—	—	7	—	0.59	0.53	0.51
合计							9.47	$H=8.5$	$H=8.5$

表 4-5　　　　　　　　　　　　进出口段的阻力系数修正表

段 别	S'	T'	β'	h_0'	Δh	h_x'
进口段	0.6	7.4	0.60	0.255	0.169	4.86
出口段	2.5	5.5	0.95	0.505	0.024	0.19

（3）计算各角点的渗透压力值。

用表4-4计算的各段的水头损失进行计算，总的水头差为正常挡水期的上、下游水头差8.5m。各段后角点渗压水头＝该段前角点渗压水头－此段的水头损失值，结果列入表4-6。

表4-6　　　　　　　　　　　闸基各角点渗透压力值　　　　　　　　　　单位：m

H_1	H_2	H_3	H_4	H_5	H_6	H_7	H_8	H_9	H_{10}
8.5	8.26	3.40	3.16	3.00	2.86	0.84	0.70	0.51	0

（4）验算渗流逸出坡降。

出口段的逸出坡降为 $J=\dfrac{h_9'}{S'}=\dfrac{0.51}{1.5}=0.34$，小于壤土出口段允许渗流坡降值 $[J]=0.50\sim0.6$（查表4-3得）；水平段的逸出坡降为 $J=\dfrac{0.70-0.51}{1}=0.19$，小于壤土水平段允许渗流坡降值 $[J]=0.22\sim0.28$（查表4-3得）。出口段和水平段的逸出坡降均满足要求，则闸基出口段和水平段均不会发生渗透变形。绘制闸底板的渗透压力分布图（图4-19）。计算闸底板每米长度的

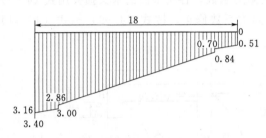

图4-19　闸底板下渗透压力分布图（单位：m）

渗透压力值为 $\left(\dfrac{3.16+3}{2}\times1+\dfrac{2.86+0.84}{2}\times16+\dfrac{0.7+0.51}{2}\times1\right)\times10=332.85(\text{kN})$。

习　题

一、填空题

1．水闸防渗设计的原则是在高水位侧采用_____、_____、_____等防渗措施，在低水位侧设置_____设施。

2．闸基渗流计算的方法有_____法、_____法和_____法。

3．改进阻力系数法把复杂的地下轮廓简化成三种典型流段：_____段、_____段和_____段。

4．直线比例法有_____法和_____法。

5．闸底板上、下游端一般设有齿墙，因为有利于_____，并_____。

二、判断题

1．勃莱法认为渗流在水平方向流动和垂直方向流动，消能效果是不一样的，后者是前者的三倍。（　　）

2．铺盖的厚度是根据铺盖土料的允许水力坡降值计算确定的。（　　）

3．铺盖具有较好的防渗效果，所以越长越好。（　　）

4．水闸的侧向绕渗为有压渗流，不必考虑侧向防渗措施。（　　）

三、简答题

1．渗流计算的目的是什么？计算方法有哪几种？

2. 怎样判断水闸底板是否会发生渗透破坏？
3. 水闸的防渗措施有哪些？它们的适用范围是什么？
4. 铺盖的作用是什么？对铺盖有哪些构造要求？铺盖的长度如何确定？
5. 水闸闸底板渗透压力如何计算？

任务五　闸室的布置和构造

知识要求：掌握闸室各部分基本布置与尺寸；掌握闸门的分类，各种启闭设施的特点。

技能要求：掌握闸室各部分的常用尺寸，能画出闸室的平面图、立面图和剖面图。要求能做出闸室模型；会根据实际选用恰当的启闭机型式。

子任务一　闸室的构造

闸室是水闸的主体部分。开敞式水闸闸室由底板、闸墩、闸门、工作桥和交通桥等组成，有的还设有胸墙。

闸室的结构形式、布置和构造，应在保证稳定的前提下，尽量做到轻型化、整体性好、刚性大、布置匀称，并进行合理的分缝分块，使作用在地基单位面积上的荷载较小、较均匀，并能适应地基可能的沉降变形。本节讲述闸室各组成部分的形式、尺寸及构造。

一、底板

闸室底板是整个闸室结构的基础，是承受水闸上部结构的重量及荷载并向地基传递的结构，同时兼有防渗及防冲作用，防止地基由于受渗透水流作用可能产生的渗透变形，并保护地基免受水流冲刷。闸室底板必须具有足够的整体性、坚固性、抗渗性和耐久性，通常采用钢筋混凝土结构。

底板顺水流方向的长度可根据地基条件、挡水高度、上部结构的布置及闸门形式要求确定，并应满足闸室整体抗滑稳定、地基承载力和地基承载力不均匀系数的要求。初拟长度参考表 5-1。

表 5-1　　　　　　　　水闸底板顺水流方向长度与最大水位差 H 比值

闸基土质	砂砾石和砾石	砂土和砂壤土	黏壤土	黏土
比值	1.5~2.5	2.0~2.5	2.0~3.0	2.5~3.5

底板厚度必须满足强度和刚度的要求。大中型水闸可取闸孔净宽的 1/6~1/8，一般为 1~2.5m，最薄不小于 0.7m，渠系小型水闸可薄至 0.3m。底板内配置钢筋。底板混凝土强度等级应满足强度、抗渗及防冲要求，一般选用 C20 或 C25。

常用的底板有平底板和钻孔灌注桩底板。在特定的条件下，也可采用低堰底板（任务二中图 2-1）、箱式底板 [图 5-1（a）]、斜底板 [图 5-1（b）]、反拱底板 [图 5-1（c）] 等。下面着重介绍平底板。

平底板按底板与闸墩的连接方式，有整体式（图 5-2）和分离式（图 5-3）两种。开敞式闸室结构可根据地基条件及受力情况等选用整体式或分离式，涵洞式闸室结构不宜采

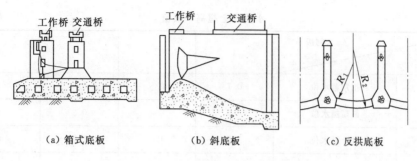

(a) 箱式底板　　　　　(b) 斜底板　　　　　(c) 反拱底板

图 5-1　闸底板形式（单位：cm）

用分离式。

（一）整体式底板

在闸墩中间设顺水流向永久缝的底板即为整体式底板，对应分缝处的墩称为缝墩。整体式底板每个闸段一般由 2～4 个完整闸孔组成。这种底板适用于地质条件较差、可能产生不均匀沉降的较松软地基，或地震烈度较高的地区，如图 5-2 所示。

（二）分离式底板

在闸室底板设顺水流向的永久缝的底板即为分离式底板。一种是将缝设在闸室底板正中间，如图 5-3（a）所示；另一种是在闸室底板两侧分缝，使底板与闸墩分离，如图 5-3（b）所示。分离式底板将多孔水闸分为若干闸段，每个闸段呈倒 T 形或倒 Ⅱ 形，适用于密实的地基或岩基。

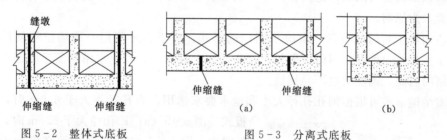

图 5-2　整体式底板

图 5-3　分离式底板

二、闸墩

闸墩结构形式应根握闸室结构抗滑稳定性和闸墩纵向刚度要求确定，一般宜采用实体式。

闸墩的外形轮廓应能满足过闸水流平顺、侧向收缩小、过流能力大的要求。上游墩头可采用半圆形或尖角形，下游墩头宜采用流线型。上游墩头形状如图 5-4 所示。

闸墩上游部分的顶面高程应满足以下两个要求：①水闸挡水时，不应低于水闸正常蓄水位或最高挡水位加波浪计算高度与相应安全超高值之和；②泄水时，不应低于设计（或校核）洪水位与相应安全超高值之和。各种运用情况下水闸安全超高下限值见表 5-2。闸墩下游部分的顶面高程可根据需要适当降低。

图 5-4　上游半圆形和尖角形墩头

表 5-2		水闸安全超高下限值				单位：m
运用情况	水闸级别	1	2	3	4、5
挡水时	正常蓄水位	0.7	0.5	0.4	0.3
	最高挡水位	0.5	0.4	0.3	0.2
泄水时	设计洪水位	1.5	1.0	0.7	0.5
	校核洪水位	1.0	0.7	0.5	0.4

位于防洪、挡潮堤上的水闸，其闸顶高程不应低于防洪、挡潮堤堤顶高程。

闸墩长度取决于上部结构布置和闸门的形式，一般与底板同长或稍短些。闸墩厚度应根据闸孔孔径、受力条件、结构构造要求和施工方法确定。根据经验，一般浆砌石闸墩厚 0.8～1.5m，混凝土闸墩厚 1～1.6m，少筋混凝土墩厚 0.9～1.4m，钢筋混凝土墩厚 0.7～1.2m。闸墩在门槽处厚度不宜小于 0.4m。

平面闸门的门槽尺寸应根据闸门的尺寸确定，一般检修门槽深 0.15～0.25m，宽约 0.15～0.30m，主门槽深一般不小于 0.3m，宽约 0.5～1.0m。检修门槽与工作门槽之间留不宜小于 1.5m 净距，以便于工作人员检修。弧形闸门的闸墩不需设主门槽。

三、胸墙

胸墙顶部高程与闸墩顶部高程齐平。胸墙底高程应根据孔口泄流量要求计算确定，以不影响泄水为原则。

胸墙相对于闸门的位置，取决于闸门的形式。对于弧形闸门，胸墙位于闸门的上游侧；对于平面闸门可设在闸门下游侧，也可设在上游侧。后者止水结构复杂，易磨损，但有利于闸门启闭，钢丝绳也不易锈蚀。

胸墙结构形式可根据闸孔孔径大小和泄水要求选用。当孔径不大于 6.0m 时，可采用板式 [图 5-5（a）]；孔径大于 6.0m 时，宜采用板梁式 [图 5-5（b）]；当胸墙高度大于 5.0m，且跨度较大时，可增设中梁及竖梁构成肋形结构 [图 5-5（c）]。

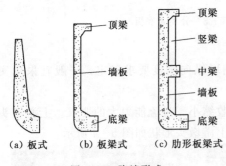

（a）板式　（b）板梁式　（c）肋形板梁式

图 5-5　胸墙形式

板式胸墙顶部厚度一般不小于 20cm。板梁式的板厚一般不小于 12cm；顶梁梁高约为胸墙跨度的 1/12～1/15，梁宽常取 40～80cm；底梁由于与闸门接触，要求有较大的刚度，梁高约为胸墙跨度的 1/8～1/9，梁宽为 60～120cm。为使过闸水流平顺，胸墙迎水面底缘应做成圆弧形。

胸墙与闸墩的连接方式可根据闸室地基、温度变化条件、闸室结构横向刚度和构造要求等采用简式或固接式（图 5-6）。简支胸墙与闸墩分开浇筑，可避免在闸墩附近迎水面出现裂缝，但截面尺寸较大。固接式胸墙与闸墩同期浇筑，胸墙钢筋伸入闸墩内，形成刚性连接，截面尺寸较小，容易在胸墙支点附近的迎水面产生裂缝。

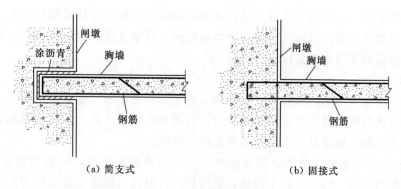

（a）简支式　　　　　　　　　（b）固接式

图 5-6　胸墙的支承型式

四、工作桥、交通桥

（一）工作桥

工作桥是为安装启闭机和便于工作人员操作而设在闸墩上的桥。当桥面很高时，可在闸墩上部设排架支承工作桥。工作桥设置高程与门型有关。如平面闸门，当采用固定式启闭机时，由于闸门开启后悬挂的需要，应使闸门提升后不影响泄放最大流量，并留有一定的裕度。如采用活动式启闭机，桥高则可适当降低。若采用升卧式平面闸门，由于闸门全开后处于平卧位置，因而工作桥可以做得较低。

小型水闸的工作桥一般采用板式结构。大中型水闸多采用板梁结构（图 5-7）。

工作桥的总宽度取决于启闭机的类型、容量和操作需要，总宽度在 2.0~4.5m 之间。

（二）交通桥

交通桥的位置应根据闸室稳定及两岸交通连接条件确定，通常布置在闸室下游。仅供人畜通行的交通桥，其宽度常不小于 3m；行驶汽车等的交通桥，应按交通部制定的规范进行设计，一般公路单车道净宽 4.5m，双车道 7~9m。交通桥的形式可采用板式、板梁式和拱式，中、小型工程可使用定型设计。

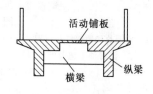

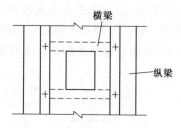

图 5-7　工作桥结构图

五、闸室的分缝及止水设备

（一）分缝方式及布置

水闸沿轴线每隔一定距离必须设沉降缝，兼作温度缝，以免闸室因地基不均匀沉降及温度变化而产生裂缝。缝距一般为 15~30m，缝宽为 2~3cm，视地基及荷载变化情况而定。

整体式底板闸室沉降缝，一般设在闸墩中间，一孔、二孔或三孔一联，成为独立单元，其优点是保证在不均匀沉降时闸孔不变形，闸门仍然正常工作。靠近岸边时，为了减轻墙后填土对闸室的不利影响，特别是在地质条件较差时，最多一孔一缝或两孔一缝，而后再接二孔或三孔的闸室（图 5-2）。如果地基条件较好，也可以将缝设在底板中间（图 5-3（a）），这样不仅减小闸墩厚度和水闸总宽，底板受力条件也可改善，但地基不均匀沉降可能影响闸门工作。

土基上的水闸，不仅闸室本身分缝，凡相邻结构荷重相差悬殊或结构较长、面积较大的地方，都要设缝分开。例如，铺盖、护坦与底板、翼墙连接处都应设缝，翼墙、混凝土铺盖及消力池底板本身也需分段、分块。

（二）止水

凡具有防渗要求的缝，都应设止水设备。止水分铅直止水和水平止水两种。前者设在闸墩中间，边墩与翼墙间以及上游翼墙本身；后者设在铺盖、消力池与底板和翼墙、底板与闸墩间以及混凝土铺盖及消力池本身的温度沉降缝内。

图5-8为铅直止水构造图。图中型式一、二均为闸墩止水，一般布置在闸门上游，以减少缝墩侧向压力。型式一施工简便，采用较广；型式二能适应较大的不均匀沉降，但施工麻烦；型式三构造简单，施工方便，适用于不均匀沉降较小或防渗要求较低的缝位，如岸墙与翼墙的止水等。

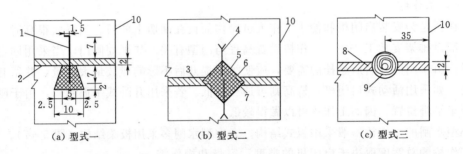

图5-8　铅直止水构造图（单位：cm）

1—紫铜片和镀锌铁片（厚0.10cm 宽18cm）；2—两侧各0.25cm柏油油毛毡伸缩缝，其余为柏油沥青席；

3—沥青油毛毡及沥青杉板；4—金属止水片；5—沥青填料；6—加热设备；7—角铁（镀锌铁片）；

8—柏油油毛毡伸缩缝；9—柏油油毛毡；10—临水面

图5-9为水平止水构造图。型式一、二适用于地基沉降较大或防渗要求较高的缝位；型式三适用于地基沉降较小或防渗要求较低的缝位，在接缝底部与地基土壤接触处常铺有2～3层油毛毡沥青麻布，或回填黏土，以提高防渗效果。

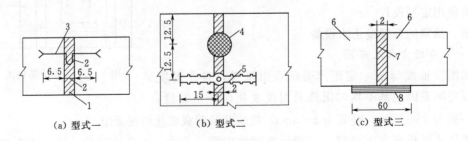

图5-9　水平止水构造图（单位：cm）

1—柏油油毛毡伸缩缝；2—灌3号松香柏油；3—紫铜片0.1cm（或镀锌铁片0.12cm）；

4—ϕ7柏油麻绳；5—塑料止水片；6—护坦；7—柏油油毛毡；8—三层麻袋两层油毡浸沥青

在无防渗要求的缝中，一般铺贴沥青毛毡。

必须做好止水交叉处的连接，否则，容易形成渗水通道。交叉有两类：一是铅直交叉，二是水平交叉。交叉处止水片的连接方式也可分为两种：一种是柔性连接，即将金属止水片的接头部分埋在沥青块体中，如图 5-10 (a)、(b) 所示；另一种是刚性连接，即将金属止水片剪裁后焊接成整体，如图 5-10 (c)、(d) 所示。在实际工程中可根据交叉类型及施工条件决定连接方式，铅直交叉常用柔性连接，而水平交叉则多用刚性连接。

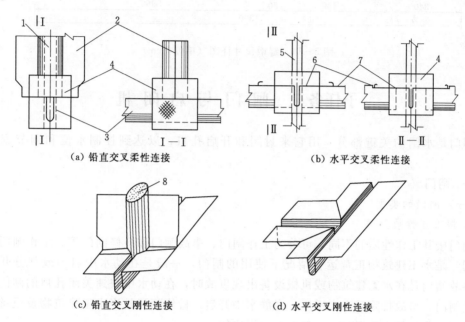

（a）铅直交叉柔性连接　　　　　　　　　（b）水平交叉柔性连接

（c）铅直交叉刚性连接　　　　　　　　　（d）水平交叉刚性连接

图 5-10　止水交叉构造图
1—铅直缝；2—铅直止水片；3—水平止水片；4—沥青块体；5—接缝；
6—纵向水平止水；7—横向水平止水；8—沥青柱

【**例题 5-1**】　引例水闸级别为 3 级，水闸闸底板顺水流向长度 18.0m，正常挡水深 8.5m，设计洪水深 9.00m，校核洪水深 10.20m。河床高程为 30.00m，试进行闸墩设计。

（1）长度。外形轮廓应能满足过闸水流平顺、侧向收缩小的，过流能力大的要求。上、下游墩头均采用半圆形。其长度采用与底板相同长度，为 18m。

（2）厚度。中墩 1.2m，缝墩 1.6m，边墩 1.2m。平面闸门的门槽尺寸应根据闸门的尺寸确定，检修门槽深 0.2m，宽 0.2m，主门槽深 0.3m，宽 0.8m。根据上部结构布置空间的需要，检修门槽与工作门槽之间留 4.0m 的净距，以便于工作人员检修。

（3）高度。采用以下三种方法计算取较大值，根据计算墩高最大值为 10.70m，另根据 SL 265—2016《水闸设计规范》中规定，有防洪任务的拦河闸闸墩高程不应低于两岸堤顶高程，两岸堤顶高程为 41.00m，经比较后取闸墩高度为 11.00m。

$$H_{墩} = 校核洪水位时水深 + 安全超高 = 10.20 + 0.5 = 10.70(m)$$
$$H_{墩} = 设计洪水位时水深 + 安全超高 = 9.00 + 0.7 = 9.70(m)$$
$$H_{墩} = 正常挡水位时水深 + 波浪计算高度 + 安全超高 = 8.5 + 0.59 + 0.4 = 9.49(m)$$

（式中波浪高度的计算请查阅相关书籍）

本次设计取中间三孔为一联，两边各为两孔一联分缝，缝墩宽 1.6m，缝宽为 2cm，缝墩尺寸详图见图 5-11。

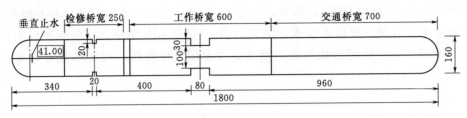

图 5-11 缝墩尺寸详图（单位：cm）

子任务二 闸门与启闭机

闸门是水闸的关键部分，用它来封闭和开启孔口，以达到控制水位和调节流量的目的。

一、闸门

（一）闸门的类型

1. 按工作性质分类

闸门按其工作性质的不同，可分为工作闸门、事故闸门和检修闸门等。工作闸门又称主闸门，是水工建筑物正常运行情况下使用的闸门，一般是在动水中启闭或部分开启泄流。事故闸门是在水工建筑物或机械设备出现事故时，在动水中快速关闭孔口的闸门，又称快速闸门。事故排除后充水平压，在静水中开启。检修闸门是当水工建筑物及设备进行检修时用以临时挡水的闸门，一般在静水中启闭。

2. 按门体的材料分类

闸门按门体的材料可分为钢闸门、钢筋混凝土或钢丝网水泥闸门、铸铁闸门及木闸门等。钢闸门门体较轻，一般用于大、中型水闸。钢筋混凝土或钢丝网水泥闸门可以节省钢材，不需除锈但前者较笨重，启闭设备容量大；后者容易剥蚀，耐久性差，一般用于渠系小型水闸。铸铁门抗锈蚀、抗磨性能好、止水效果也好，但由于材料抗弯强度较低，性能又脆，故仅在低水头、小孔径水闸中使用。木闸门耐久性差，已日趋不用。

3. 按结构形式分类

闸门按其结构形式可分为平面闸门、弧形闸门等。弧形闸门与平面闸门比较，其主要优点是启门力小，可以封闭相当大面积的孔口；无影响水流态的门槽，闸墩厚度较薄，机架桥的高度较低，埋件少。它的缺点是需要的闸墩较长；不能提出孔口以外进行检修维护，也不能在孔口之间互换；总水压力集中于支铰处，闸墩受力复杂。

4. 按闸门设置的部位分类

闸门按闸门设置的部位可分为露顶式闸门和潜孔式闸门。露顶式闸门设置在开敞式泄水孔道，当闸门关闭挡水时，门叶顶部高于挡水水位，并仅设置两侧和底缘三边止水。潜孔式闸门设置在潜没式泄水孔口，当闸门关闭挡水时，门叶顶部低于挡水水位，并需设置顶部、两侧和底缘四边止水。

（二）闸门的形式和选择

闸门选型时首先要考虑水工建筑物对闸门提出的各种运行要求，如对水流的控制程序、运行的频繁程度、安设的位置、孔口的尺寸和数量等。其次，要考虑制造安装方面的条件。最后要考虑所选门型经济合理性，包括造价、运行和维护费用、使用年限及邻近建筑物的相应造价等。一般说来，当挡水高度和闸孔孔径均较大时，采用弧形闸门；土基上建闸，并且永久缝设在闸底板上时采用平面闸门；检修闸门采用平面闸门。

1. 平面直升闸门

平面直升闸门是应用十分广泛的门型，可满足各种类型泄水孔道的需要。

其优点有：可以封闭相当大面积的孔口；闸门所占水流方向的空间尺寸较小；闸门结构比较简单，制造安装和运输相对比较简单；门叶可移出孔口，便于检修维护；门叶在孔口之间可互换；门叶可沿高度分成数段，便于在工地组装；闸门启闭设备比较简单。

其缺点有：需要较高的机架桥（升卧式磁面闸门除外）和较厚的闸墩；具有影响水流的门槽，对高水头闸门特别不利，容易引起空蚀现象；埋件数量较大；所需启闭力较大，且受摩擦阻力的影响较大，需要选用较大容量的启闭设备。

2. 弧形闸门

弧形闸门也是应用十分广泛的门型，和平面闸门同是方案选择中优先考虑的门型，特别在高水头情况下，其优点更为显著。

其优点有：可以封闭相当大面积的孔口；所需机架桥的高度和闸墩的厚度相对较小；一般不设置门槽；所需启闭力小，所需埋件数量少。

其缺点有：需要较长的闸墩；门叶占据的空间位置较大；门叶不能提出孔口以外进行检修维护，不能在孔口间互换；门叶承受的总水压力集中于支铰处，闸墩受力比较复杂。

（三）平面闸门的构造

平面闸门由活动部分（即门叶）、埋固部分和启闭设备三部分组成。门叶由承重结构〔包括面板、梁格、竖向联结系或隔板、门背（纵向）连接系和支承边梁等〕、支承行走部件、止水装置和吊耳等组成。埋固部分一般包括行走埋固件和止水埋固体等。启闭设备一般由动力装置、传动和制动装置以及连接装置等组成。

平面闸门的基本尺寸根据孔口尺寸确定。孔口尺寸应优先采用 SL 74—2013《水利水电工程钢闸门设计规范》中推荐的系列尺寸。露顶式闸门顶部宜在可能出现的最高挡水位以上留有不少于 0.3m 的加高；当有特殊要求时，在保证下游安全的前提下，也可适当减少或不留加高。

二、启闭机

闸门启闭机可分为固定式和移动式两种。启闭机形式可根据门型、尺寸及其运用条件等因素选定。选用启闭机的启闭力应不小于计算启闭力，同时应符合 SL 41—2011《水利水电工程启闭机设计规范》所规定的启闭机系列标准。

当多孔闸门启闭频繁或要求短时间内全部均匀开启时，每孔应设一台固定式启闭机。常用的固定式启闭机有卷扬式、螺杆式和油压式 3 种。

（一）卷扬式启闭机

卷扬式启闭机主要由电动机、减速箱、传动轴和绳鼓所组成。绳鼓固定在传动轴上，围绕钢丝绳，钢丝绳连接在闸门吊耳上。启闭闸门时，通过电动机、减速箱和传动轴使绳鼓转动，带动闸门升降。为了防备停电或电器设备发生故障，可同时使用人工操作，通过手摇箱进行人力启闭。卷扬式启闭机启闭能力较大，操作灵便，启闭速度快，但造价较高，适用于弧形闸门。某些平面闸门能靠自重（或加重）关闭，且启闭力较大时，也可采用卷扬式启闭机。卷扬式启闭机如图5-12所示。

（二）螺杆式启闭机

当闸门尺寸和启闭力都很小时，常用简便、廉价的单吊点螺杆式启闭机。螺杆与闸门连接，用机械或人力转动主机，迫使螺杆连同闸门上下移动。当水压力较大，门重不足时，为使闸门关闭到底，可通过螺杆对闸门施加压力。当螺杆长度较大（如大于3m）时，可在胸墙上每隔一定距离设支承套环，以防止螺杆受压失稳。其启闭重量一般为3～100kN。螺杆式启闭机如图5-13所示。

图5-12　卷扬式启闭机

图5-13　螺杆式启闭机

（三）油压式启闭机

油压式启闭机近年来使用较多，其主体为油缸和活塞。活塞经活塞杆或连杆和闸门连接。改变油管中的压力即可使活塞带动闸门升降。其优点是利用油泵产生的液压传动，可用较小的动力获得很大的启重力；液压传动比较平稳和安全；较易实行遥控和自动化等。主要缺点是缸体内圆镗的加工受到各地条件的限制，质量不易保证，造价也较高。油压式启闭机如图5-14所示。

图5-14　油压式启闭机

【例题5-1】　引例水闸7孔，每孔8m，正常挡水深8.5m。工作闸门基本尺寸为8m×9m（宽×高），采用滚轮支承双吊点平面钢闸门。启闭机采用QPQ-2×40卷扬式启闭机，一门一机控制。试设计上部工作桥。

解：（1）工作桥。根据工作需要和设计规范，工作桥设在工作闸门的正上方，用排架支承工作桥，桥上设置启闭机房。由启闭机的型号决定基座宽度为 2m，启闭机旁的过道设为 1m，启闭机房采用 24 砖砌墙，墙外设 0.66m 的阳台（过人用）。因此，工作桥的总宽度为 $2+1+1+0.24+0.24+0.66+0.66=5.8$（m），确定工作桥宽度为 6.0m。由于工作桥在排架上，确定排架的高度即可得到工作桥高程。本设计工作桥具体尺寸如图 5-15所示。

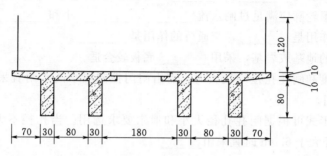

图 5-15　工作桥细部构造图（单位：cm）

排架高度＝闸门高＋安全超高＋吊耳高度＝$9+0.5+0.5=10$（m）

工作桥高程＝闸墩高程＋排架高＋T 型梁高＝$41+10+1=51$（m）

（2）交通桥。交通桥的形式可采用板梁式。交通桥的位置应根据闸室稳定及两岸连接等条件确定，布置在下游。仅供人畜通行用的交通桥，其宽度不小于 3m；行驶汽车等的交通桥，应按交通部门制定的规范进行设计，一般公路单车道净宽为 4.5m，双车道为 7～9m。本次设计采用双车道 7m 宽，并设有人行道安全带为 75cm，具体尺寸如图 5-16所示。

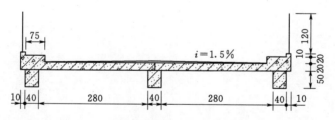

图 5-16　交通桥细部构造图（单位：cm）

（3）检修桥。检修桥的作用为放置检修闸门，观测上游水流情况，设置在闸墩的上游端。采用预制 T 型梁和活盖板型式，本设计具体尺寸如图 5-17 所示。

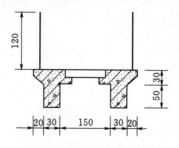

图 5-17　检修桥细部构造图（单位：cm）

习　题

一、填空题

1. 闸底板的长度与_____、_____和地基情况有关。

2. 闸墩的外形轮廓应满足过闸水流_____、_____小和_____大的要求。

3. 工作桥的作用是_____，交通桥的作用是_____。

4. 对于密实的地基或岩基，采用_____底板较合适。

5. 当挡水高度和闸孔孔径均较大时，需由闸门控制泄水的水闸宜采用的闸门结构形式为_____闸门。

6. 胸墙结构形式可根据闸孔孔径大小和泄水要求选用。当孔径不大于 6.0m 时可采用_____，孔径大于 6.0m 时宜采用_____。

二、简答题

1. 闸墩顺水流方向的长度、闸墩厚度及闸墩顶部高程分别如何确定？

2. 水闸闸室在不同地基情况下如何进行分缝？

3. 目前常用的启闭机的类型有哪些？

任务六　水闸的稳定分析与地基处理

知识要求: 掌握水闸荷载计算及组合,水闸闸室抗滑稳定分析方法。

技能要求: 会查阅有关规范并借助 Excel 软件,进行水闸稳定分析。

子任务一　闸室稳定分析

水闸竣工时,地基所受的压力最大,沉降也较大。过大的沉降,特别是不均匀沉降,会使闸室倾斜,影响水闸的正常运行。当地基承受的荷载过大,超过其容许承载力时,将使地基整体发生破坏。水闸在运用期间,受水平推力的作用,有可能沿地基面或深层滑动。因此,必须分别验算水闸在不同工作情况下的稳定性。

闸室稳定计算的计算单元选取应根据水闸布置的结构特点确定。对于顺水流向设永久缝的多孔闸,宜取两相邻顺水流向永久缝之间的闸段作为计算单元,如计算单元不一致时应分别计算。另外,由于边孔闸墩和中孔闸墩的结构边界条件及受力状况有所不同,应将边孔闸段和中孔闸段分别作为计算单元。对于孔数较少而未分缝的小型水闸,取闸室整体(包括边墩)作为一个计算单元。

一、荷载及其组合

水闸承受的主要荷载有自重、水重、水平水压力、扬压力、浪压力、泥沙压力、土压力及地震荷载等。自重、水重、泥沙压力等荷载的计算方法与重力坝基本相同,扬压力的计算方法参见闸基渗流计算部分,土压力按主动土压力计算。波浪压力、水平水压力及地震荷载的计算方法如下。

1. 波浪压力

按以下步骤分别计算波浪要素及波浪压力。波浪要素根据水闸闸前风向、风速、风区长度、风区内的平均水深等因素计算。波浪压力应根据闸前水深和实际波态进行计算。

(1) 平原、滨海地区水闸按莆田试验站公式计算平均波高 h_m 和平均波长 L_m。

$$\frac{gh_m}{v_0^2}=0.13\text{th}\left[0.7\left(\frac{gH_m}{v_0^2}\right)^{0.7}\right]\text{th}\left\{\frac{0.0018\left(\frac{gD}{v_0^2}\right)^{0.45}}{0.13\text{th}\left[0.7\left(\frac{gH_m}{v_0^2}\right)^{0.7}\right]}\right\} \tag{6-1}$$

$$\frac{gT_m}{v_0}=13.9\left(\frac{gh_m}{v_0^2}\right)^{0.5} \tag{6-2}$$

式中　　h_m——平均波高,m;

v_0——计算风速,m/s,当浪压力参与荷载的基本组合时,可采用当地气象台站提供的重现期为 50 年的年最大风速;当浪压力参与荷载的特殊组合时,可采用当地气象台站提供的多年平均年最大风速;

D——风区长度，m，当闸前水域较宽广或对岸最远水面距离不超过水闸前沿水面宽度 5 倍时，可采用对岸至水闸前沿的直线距离；当闸前水域较狭窄或对岸最远水面距离超过水闸前沿水面宽度 5 倍时，可采用水闸前沿水面宽度的 5 倍；

H_m——风区内的平均水深，m，可由沿风向作出的地形剖面图求得，其计算水位应与相应计算情况下的静水位一致；

T_m——平均波周期，s。

（2）根据水闸级别，由表 6-1 查得水闸的设计波列累积频率 p 值。

表 6-1 p 值

水闸级别	1	2	3	4	5
$p/\%$	1	2	5	10	20

（3）累积频率为 p 的波高 h_p 与平均波高 h_m 的比值可由表 6-2 查得，从而计算出 h_p。

表 6-2 h_p/h_m 值

$\dfrac{h_m}{H_m}$	$p=1\%$	$p=2\%$	$p=5\%$	$p=10\%$	$p=20\%$
0.0	2.42	2.23	1.95	1.71	1.43
0.1	2.26	2.09	1.87	1.65	1.41
0.2	2.09	1.96	1.76	1.59	1.37
0.3	1.93	1.82	1.66	1.52	1.34
0.4	1.78	1.68	1.56	1.44	1.30
0.5	1.63	1.56	1.46	1.37	1.25

（4）按下式计算平均波长 L_m 值：

$$L_m = \frac{g T_m^2}{2\pi} \text{th} \frac{2\pi H}{L_m} \tag{6-3}$$

式中 H——闸前水深，m。

平均波长 L_m 也可由表 6-3 查得。

（5）作用于水闸铅直或近似铅直迎水面上的浪压力，应根据闸前水深和实际波态，分别按下列规定进行计算。

1）当 $H \geqslant H_k$ 和 $H \geqslant \dfrac{L_m}{2}$ 时，浪压力可按式（6-4）和式（6-5）计算，计算示意图如图 6-1 所示，临界水深 H_k 可按式（6-6）计算：

$$P_1 = \frac{1}{4} \gamma L_m (h_p + h_z) \tag{6-4}$$

$$h_z = \frac{\pi h_p^2}{L_m} \text{cth} \frac{2\pi H}{L_m} \tag{6-5}$$

$$H_k = \frac{L_m}{4\pi} \ln \frac{L_m + 2\pi h_p}{L_m - 2\pi h_p} \tag{6-6}$$

式中 P_1——作用于水闸迎水面上的浪压力，kN/m；

h_z——波浪中心线超出计算水位的高度，m；

H_k——使波浪破碎的临界水深，m。

表 6-3　　　　　　　　　　　　　　　　　L_m　　值

H/m	T_m/s														
	1	2	3	4	5	6	7	8	9	10	12	14	16	18	20
1.0	1.56	5.22	8.69	12.00	15.24	18.44	21.62	24.79	27.96	31.11	37.41	43.70	49.98	56.26	62.54
2.0		6.05	11.31	16.23	20.95	25.58	30.16	34.69	39.20	43.70	52.66	61.59	70.50	79.40	88.29
3.0		6.22	12.68	18.96	24.93	30.72	36.41	42.03	47.61	53.16	64.19	75.17	86.12	97.04	107.95
4.0			13.41	20.86	27.95	34.77	41.44	48.01	54.51	60.96	73.77	86.50	99.18	111.82	124.44
5.0			13.76	22.20	30.31	38.09	45.66	53.08	60.41	67.68	82.08	96.37	110.59	124.76	138.90
6.0			13.93	23.13	32.19	40.87	49.27	57.50	65.61	73.62	89.49	105.20	120.82	136.38	151.90
7.0				23.78	33.69	43.22	52.42	61.41	70.24	78.96	96.19	113.23	130.15	147.00	163.79
8.0				24.21	34.89	45.22	55.19	64.90	74.43	83.82	102.33	120.62	138.77	156.82	174.80
9.0				24.49	35.84	46.94	57.65	68.05	78.24	88.27	108.01	127.49	146.79	165.98	185.09
10.0				24.68	36.59	48.41	59.82	70.90	81.73	92.37	113.30	133.91	154.31	174.58	194.76
12.0				24.87	37.64	50.73	63.49	75.85	87.90	99.73	12.89	145.64	168.13	190.44	212.62
14.0					38.25	52.42	66.40	79.98	93.20	106.14	131.42	156.18	180.61	204.82	228.87
16.0					38.61	53.62	68.72	83.45	97.78	111.78	139.09	165.76	192.02	218.02	243.83
18.0					38.80	54.47	70.55	86.35	101.75	116.79	146.03	174.53	202.55	230.25	257.72
20.0						55.05	71.98	88.79	105.21	121.24	152.36	182.62	212.33	241.66	270.72
22.0						55.44	73.10	90.83	108.22	125.21	158.15	190.12	221.45	252.35	282.95
24.0						55.71	73.96	92.53	110.85	128.75	163.47	197.10	230.00	262.42	294.49
26.0						55.88	74.61	93.94	113.13	131.93	168.36	203.61	238.05	271.94	305.44
28.0							75.10	95.10	115.10	134.76	172.87	209.70	245.64	280.96	315.85
30.0							75.47	96.05	116.82	137.29	177.04	215.41	252.81	289.54	325.78

2）当 $H \geqslant H_k$ 和 $H < \dfrac{L_m}{2}$ 时，浪压力可按式（6-7）和式（6-8）计算，计算示意图如图 6-2 所示：

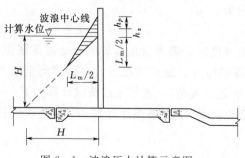

图 6-1　波浪压力计算示意图一

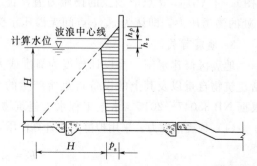

图 6-2　波浪压力计算示意图二

$$P_1 = \frac{1}{2}\left[(h_p + h_z)(\gamma H + p_s) + H p_s\right] \tag{6-7}$$

$$p_s = \gamma h_p \operatorname{sech} \frac{2\pi H}{L_m} \tag{6-8}$$

式中 p_s——闸墩（闸门）底面处的剩余浪压力强度，kPa。

3）当 $H < H_k$ 时，波浪压力可按式（6-9）和式（6-10）计算，计算示意图如图6-3所示。

$$P_1 = \frac{1}{2} p_j \left[(1.5 - 0.5\eta)(h_p + h_z) + (0.7 + \eta)H\right] \tag{6-9}$$

$$p_j = K_i \gamma (h_p + h_z) \tag{6-10}$$

式中 p_j——计算水位处的浪压力强度，kPa；

η——闸墩（闸门）底面处的浪压力
强度折减系数，当 $H \leqslant 1.7(h_p + h_z)$ 时，可采用0.6；当 $H > 1.7(h_p + h_z)$ 时，可采用0.5；

K_i——闸前河（渠）底坡影响系数，可按表6-4采用，表6-4中的 i 为闸前一定距离内河（渠）底坡的平均值。

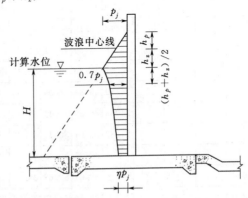

图6-3 波浪压力计算示意图三

表6-4 　　　　　　　　　　K_i 值

i	$\frac{1}{10}$	$\frac{1}{20}$	$\frac{1}{30}$	$\frac{1}{40}$	$\frac{1}{50}$	$\frac{1}{60}$	$\frac{1}{80}$	$\leqslant \frac{1}{100}$
K_i	1.89	1.61	1.48	1.41	1.36	1.33	1.29	1.25

2. 水平水压力

水平水压力指作用于胸墙、闸门、闸墩及底板上的力。上下游应分别计算。

对于黏土铺盖［图6-4（a）］，a 点压强按静水压力计算，b 点取该点的扬压力值，两者之间按线性规律考虑。对混凝土铺盖，止水片以上仍按静水压力计算，以下按梯形分布［图6-4（b）］，d 点取该点的扬压力值，止水片底面 c 点的水压力等于该点的浮托力加点 e 处的渗透压力，即认为 c、e 点间无渗压水头损失。

3. 地震荷载

地震区修建水闸。当设计烈度为Ⅶ度或大于Ⅶ度时，需考虑地震影响。地震荷载应包括建筑物自重以及其上的设备自重所产生的地震惯性力、地震动水压力和地震动土压力。根据 NB 35047—2015《水电工程水工建筑物抗震设计规范》，水闸地震荷载计算如下：

（1）地震惯性力。采用拟静力法计算作用于质点的水平向地震惯性力 E_i 时计算公式如下：

$$E_i = \alpha_h \zeta G_{Ei} \frac{\alpha_i}{g} \tag{6-11}$$

式中 E_i——作用在质点 i 的水平向地震惯性力代表值；

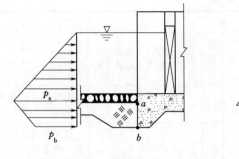

（a）黏土铺盖与底板的连接　　　　　（b）混凝土铺盖与底板的连接

图 6-4　作用在铺盖与底板连接处的水压力

α_h——水平向设计地面加速度代表值；

ζ——地面作用的效应折减系数，除另有规定外，取 0.25；

G_{Ei}——集中在质点 i 的重力作用标准值；

α_i——质点 i 的动态分布系数，见表 6-5；

g——重力加速度。

表 6-5　　　　　　　　　　　　　　水闸动态分布系数 α_i

顺河流方向地震			垂直河流方向地震		
水闸闸墩	闸顶机架	岸墙、翼墙	水闸闸墩	闸顶机架	岸墙、翼墙

注　水闸墩底以下 α_i 取 1.0，H 为建筑物高度。

（2）地震动水压力。作用在水闸上的地震动水压力的计算可参照重力坝地震动水压力公式计算。

（3）地震动土压力。作用在水闸岸墙和翼墙上的地震动土压力的计算可参照本书重力坝中地震动土压力公式进行计算。

荷载组合分为基本组合和特殊组合，基本组合由同时出现的基本荷载组成，特殊组合由同时出现的基本荷载再加一种或几种特殊荷载组成，但地震荷载不应与设计洪水位或校核洪水位组合。

计算闸室稳定和应力时的荷载组合可按表 6-6 的规定采用。必要时可考虑其他可能的不利组合。

水闸在运行情况下的荷载分布如图 6-5 所示。

表 6-6　　　　　　　　　　　　　荷　载　组　合　表

荷载组合	计算情况	荷　载												说　明
		自重	水重	静水压力	扬压力	土压力	淤沙压力	风压力	浪压力	冰压力	土的冻胀力	地震荷载	其他	
基本组合	完建情况	√				√							√	必要时，可考虑地下水产生的扬压力
	正常蓄水位情况	√	√	√	√	√	√	√	√				√	按正常蓄水位组合计算水重、静水压力、扬压力及浪压力
	设计洪水位情况	√	√	√	√	√	√	√	√					按设计洪水位组合计算水重、静水压力、扬压力及浪压力
	冰冻情况	√		√	√	√	√	√		√			√	按正常蓄水位组合计算水重、静水压力、扬压力及冰压力
特殊组合	施工情况	√				√							√	应考虑施工过程中各个阶段的临时荷载
	检修情况	√		√	√	√	√	√	√				√	按正常蓄水位组合（必要时可按设计洪水位组合或冬季低水位条件）计算静水压力、扬压力及浪压力
	校核洪水位情况	√	√	√	√	√	√	√	√					按校核洪水位组合计算水重、静水压力、扬压力及浪压力
	地震情况	√	√	√	√	√	√	√	√			√		按正常蓄水位组合计算水重、静水压力、扬压力及浪压力

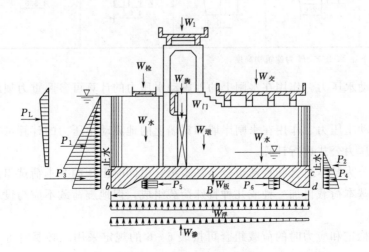

图 6-5　水闸挡水荷载示意图

二、闸室的稳定性及安全指标

土基上的闸室稳定计算应满足以下要求：

（1）在各种计算情况下，闸室平均基底压力不大于地基允许承载力，即

$$\frac{P_{\max}+P_{\min}}{2}\leqslant[P_{地基}] \qquad (6-12)$$

（2）闸室基底应力的最大值与最小值之比不大于表6-7规定的允许值，即

$$\eta=\frac{P_{\max}}{P_{\min}}\leqslant[\eta] \qquad (6-13)$$

表6-7　　　　土基上闸室基底应力最大值与最小值之比的允许值 $[\eta]$

地基土质	荷　载　组　合	
	基本组合	特殊组合
松软	1.50	2.00
中等坚实	2.00	2.50
坚实	2.50	3.00

注　1. 对于特别重要的大型水闸，其闸室基底应力最大值与最小值之比的允许值可按表列数值适当减小。

　　2. 对于地震区的水闸，闸室基底应力最大值与最小值之比的允许值可按表列数值适当增大。

（3）沿闸室基础底面的抗滑稳定安全系数应大于表6-8和表6-9规定的允许值，即 $K_C\geqslant[K_C]$。

表6-8　　　　土基上沿闸室基底面抗滑稳定安全系数的允许值 $[K_C]$

荷　载　组　合		水闸级别			
		1	2	3	4、5
基本组合		1.35	1.30	1.25	1.20
特殊组合	Ⅰ	1.20	1.15	1.10	1.05
	Ⅱ	1.10	1.05	1.05	1.00

注　1. 特殊组合Ⅰ适用于施工情况，检修情况及校核洪水位情况。

　　2. 特殊组合Ⅱ适用于地震情况。

表6-9　　　　岩基上沿闸室基底面抗滑稳定安全系数的允许值 $[K_C]$

荷　载　组　合		按式（6-16）计算时			按式（6-19）计算时
		水闸级别			
		1	2、3	4、5	
基本组合		1.10	1.08	1.05	3.00
特殊组合	Ⅰ	1.05	1.03	1.00	2.50
	Ⅱ	1.00	1.00	1.00	2.30

注　1. 特殊组合Ⅰ适用于施工情况、检修情况及校核洪水位情况。

　　2. 特殊组合Ⅱ适用于地震情况。

三、计算方法

1. 验算闸室基底压力

（1）当结构布置及受力情况对称时，按下式计算：

$$P_{\substack{\max \\ \min}} = \frac{\sum G}{A} \pm \frac{\sum M}{W} \tag{6-14}$$

式中　$P_{\substack{\max \\ \min}}$——闸室基底应力的最大值或最小值，kPa；

　　　$\sum G$——作用在闸室上的全部竖向荷载（包括闸室基础底面上的扬压力在内），kN；

　　　$\sum M$——作用在闸室上的全部竖向和水平向荷载对于基础底面垂直水流方向的形心轴的力矩，kN·m；

　　　A——闸室基底面的面积，m^2；

　　　W——闸室基底面对于该底面垂直水流方向的形心轴的截面矩，m^3。

（2）当结构布置及受力情况不对称时，按下式计算：

$$P_{\substack{\max \\ \min}} = \frac{\sum G}{A} \pm \frac{\sum M_x}{W_x} \pm \frac{\sum M_y}{W_y} \tag{6-15}$$

式中　$\sum M_x$、$\sum M_y$——作用在闸室上的全部竖向和水平向荷载对于基础底面形心轴 x、y 的力矩，kN·m；

　　　W_x、W_y——闸室基底面对于该底面形心轴 x、y 的截面矩，m^3。

2. 验算闸室的抗滑稳定

（1）土基上的水闸闸室抗滑稳定。对建在土基上的水闸，除应验算其在荷载作用下沿地基的抗滑稳定外，当地基面的法向应力较大时，还需核算深层抗滑稳定性。一般情况下，不会发生深层滑动。

土基上的水闸沿闸室基础底面的抗滑稳定安全系数，应按式（6-16）和式（6-17）之一进行计算。

$$K_C = \frac{f \sum G}{\sum H} \tag{6-16}$$

$$K_C = \frac{\tan\varphi_0 \sum G + C_0 A}{\sum H} \tag{6-17}$$

式中　K_C——沿闸室基底面的抗滑稳定安全系数；

　　　f——闸室基底面与地基之间的摩擦系数；

　　　$\sum H$——作用在闸室上的全部水平向荷载，kN；

　　　φ_0——闸室基础底面与土质地基之间的摩擦角（°）；

　　　C_0——闸室基底面与土质地基之间的黏结力，kPa。

黏性土地基上的大型水闸，沿闸室基础底面的抗滑稳定安全系数宜按式（6-17）计算。

当闸室承受双向水平向荷载作用时，应验算其合力方向的抗滑稳定性。

闸室基础底面与地基之间的摩擦系数 f 值，可按表6-10选用。

闸室基础底面与土质地基之间摩擦角 φ_0 值及黏聚力 C_0 值可根据土质类别按表6-11的规定采用。

按表6-11的规定采用 φ_0 值和 C_0 值时，应按式（6-18）折算综合摩擦系数。对于黏性土地基，如折算的综合摩擦系数大于0.45，或对于砂性土地基，如折算的综合摩擦系数大于0.50，采用的 φ_0 值和 C_0 值均应有论证。综合摩擦系数可按式（6-18）计算：

表 6-10　　　　　　　　　　　　　　　　　　ƒ　值

地基类别		ƒ 值	地基类别	ƒ 值
黏土	软弱	0.20～0.25	细砂、极细砂	0.40～0.45
	中等坚硬	0.25～0.35	中砂、粗砂	0.45～0.50
	坚硬	0.35～0.45	砂砾石	0.40～0.50
壤土、粉质壤土		0.25～0.40	砾石、卵石	0.50～0.55
砂壤土、粉砂土		0.35～0.40	碎石土	0.40～0.50

表 6-11　　　　　　　　　　　　　　　　φ_0 值和 C_0 值

土质地基类别	φ_0 值	C_0 值
黏性土	0.9φ	$(0.2\sim0.3)C$
砂性土	$(0.85\sim0.9)\varphi$	0

注　表中 φ 为室内饱和固结快剪（黏性土）或饱和快剪（砂性土）试验测得的内摩擦角，（°）；C 为室内饱和固结快剪试验测得的黏结力，kPa。

$$f_0 = \frac{\tan\varphi_0 \sum G + C_0 A}{\sum G} \tag{6-18}$$

式中　f_0——闸室基底面与土质地基之间的综合摩擦系数。

（2）岩基上的水闸闸室抗滑稳定。岩基上的水闸沿闸室基础底面的抗滑稳定安全系数，应按式（6-19）进行计算：

$$K_C = \frac{f' \sum G + C' A}{\sum H} \tag{6-19}$$

式中　f'——闸室基底面与岩石地基之间的抗剪断摩擦系数；

　　　C'——闸室基底面与岩石地基之间的抗剪断黏结力，kPa。

当闸室沿基础底面抗滑稳定安全系数小于允许值时，可在原有结构布置的基础上，结合工程的具体情况，采取下列一种或几种抗滑措施：

1）闸门位置移向低水位一侧，或将水闸底板向高水位一侧加长。

2）适当增大闸室结构尺寸。

3）增加闸室底板的齿墙深度。此时可能的失稳滑动是水闸沿齿墙底面连同齿墙间土壤一齐滑动。

4）增加铺盖长度或帷幕灌浆深度，或在不影响防渗安全的条件下将排水设施向水闸底板靠近。

5）利用钢筋混凝土铺盖作为阻滑板，但闸室自身的抗滑稳定安全系数不应小于 1.0（计算由阻滑板增加的抗滑力时，阻滑板效果的折减系数可采用 0.80），阻滑板应满足限裂要求。

6）增设钢筋混凝土抗滑桩或预应力锚固结构。

子任务二　闸室地基处理

在水闸工程设计中应优先考虑利用天然地基，当天然地基在稳定、沉降或不均匀沉降方面不能满足建筑物要求时，应从结构设计、施工及其他方面采取适应性措施。如仍不能保证建筑物的功能和安全或不经济可行时，应对地基进行处理，以提高地基强度。当地基防渗不能满足要求时，还必须进行防渗处理。地基处理设计方案应针对地基承载力或稳定安全系数的不足，或对沉降变形不适应等，根据地基情况（尤其要注意考虑地基渗流作用的影响）、结构特点、施工条件和运用要求，并综合考虑地基、基础及其上部结构的相互协调，经技术经济比较后确定。

一、闸基的沉降

修建在岩石、砾石、卵石、中粗砂地基上的水闸一般可不进行地基沉降计算。但建在软土地基上的水闸，应进行沉降计算，并分析地基变形情况，以便选择合理的结构形式和尺寸，确定施工进度和先后次序，必要时需对地基进行处理。

由于土基压缩变形大，容易引起较大的沉降和不均匀沉降。沉降过大，会使闸顶高程降低，达不到设计要求；不均匀沉降过大时，会使底板倾斜，甚至断裂及止水破坏，严重地影响水闸正常工作。因此，应计算闸基的沉降，以便分析了解地基的变形情况，作出合理的设计方案。计算时应选择有代表性的计算点进行。计算点确定后，用分层综合法计算其最终沉降量，计算公式如下：

$$S_\infty = m \sum_{i=1}^{n} \frac{e_{1i} - e_{2i}}{1 + e_{1i}} h_i \qquad (6-20)$$

式中　S_∞——土质地基最终沉降量，m；

　　　n——土质地基压缩层计算深度范围内的土层数；

　　　e_{1i}——基础底面以下第 i 层土在平均自重应力作用下，由压缩曲线查得的相应孔隙比；

　　　e_{2i}——基础底面以下第 i 层土在平均自重应力加平均附加应力作用下，由压缩曲线查得的相应孔隙比；

　　　h_i——基础底面以下第 i 层土的厚度，m；

　　　m——地基沉降量修正系数，可采用 1.0～1.6（坚实地基取较小值，软土地基取较大值）。

土质地基允许最大沉降量和最大沉降差，应以保证水闸安全和正常使用为原则，根据具体情况研究确定。天然土质地基上水闸地基最大沉降量不宜超过 15cm，相邻部位的最大沉降差不宜超过 5cm。为了减小不均匀沉降，可采用以下措施：

（1）尽量使相邻结构的重量不要相差太大。

（2）重量大的结构先施工，使地基先行预压。

（3）尽量使地基反力分布趋于均匀，闸室结构布置匀称。

（4）必要时对地基进行人工加固。

二、地基处理

根据工程实践，当黏性土地基的标准贯入击数大于 5、砂性土地基的标准贯入击数大于 8 时，可直接在天然地基上建闸，不需要进行处理。但对淤泥质土、高压缩性黏土和松砂所组成的软弱地基，则需处理。常用的处理方法有以下几种。

1. 换土垫层法

换土垫层法（图 6-6）是工程上广为采用的一种地基处理方法，适用于软弱黏性土，包括淤泥质土。当软土层位于基面附近，且厚度较薄时，可全部挖除。如软土层较厚不宜全部挖除，可采用换土垫层法处理，将基础下的表层软土挖除，换以砂性土，水闸即建在新换的土基上。

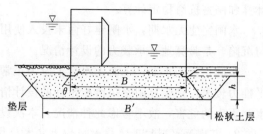

图 6-6　换土垫层法

砂垫层的主要作用是：①通过垫层的应力扩散作用，减小软土层所受的附加应力，提高地基的稳定性；②减小地基沉降量；③铺设在软黏土上的砂层，具有良好的排水作用，有利于软土地基加速固结。

垫层的厚度一般为 1.5～3.0m。垫层的宽度 B 通常选用建筑物基底压力扩散至垫层的宽度再加 2～3m。垫层材料以采用中壤土最为适宜，含砾黏土以及级配良好的中砂、粗砂也是适宜的，至于粉砂和细砂，因其容易"液化"，不宜作为垫层材料。

2. 强力夯实法

强力夯实法又称动力固结法或动力加密法。强力夯实法是用很重的夯锤从高处自由落下，给地基以强大的冲击力和振动，通过加密（使空气或气体排出）、固结（使水或液体排出）和预加变形（使各种颗粒成分在结构上重新排列）的作用，从而改善地基土的性质，使地基土的渗透性、压缩性降低，密实度、承载力、稳定性得到提高，湿陷性和液化可能性得以消除。强力夯实法适用于各种松软地基。

3. 桩基础法

桩基础法是一种比较古老的地基处理方法，有较多的实践经验。即在地基中打桩或钻孔灌注钢筋混凝土桩，在桩顶上设承台以支承上部结构。水闸桩基一般采用摩擦桩，由桩周摩擦阻力和桩底支承力共同承担上部荷载。桩基可以大大提高地基的承载力。因而，采用桩基的闸室可以采用分离式底板。

4. 沉井基础法

沉井基础与桩基础同属深基础，也是工程上广为采用的一种地基处理方法。沉井是一筒状结构物，可以用浆砌块石、混凝土或钢筋混凝土筑成。施工时一般均匀地分节砌筑或浇筑制成沉井，然后在井孔内挖土，这时沉井在自重下克服井外土的摩阻力和刃脚下土的阻力而下沉，当下沉至设计高程后，在井孔内用混凝土封底（也可不封底）即成沉井基础。

当地基存在承压且影响地基抗渗稳定性时，不宜采用沉井基础。

此外，还有高压喷射灌浆法、预压加固法、挤密砂桩法等地基处理方法。

近年来，随着科学技术的发展，不断提出了新的地基处理方法，如振冲砂（碎石）桩法、强夯法、旋喷浆液法、真空预压法、硅化法、电渗法等。其中有的方法正在逐步推广应用。有的用于大面积的水闸地基处理尚有困难，有的造价太高，很不经济。

【例题 6-1】　引例水闸正常挡水位 38.5m，地基为坚实土基，允许承载力为 200kPa，不均匀系数为 2.5，水闸的其他尺寸见任务二和任务四例题，试分析其稳定性。

1. 设计情况选择

水闸在使用过程中，可能出现各种不利情况。土基上的水闸稳定分析包括地基承载力计算和闸室抗滑稳定计算。

水闸完建无水期：水闸建好尚未投入使用之前，竖向荷载最大，容易发生沉陷或不均匀沉陷，是验算地基承载力的设计情况。

水闸正常挡水期：下游无水，上游为正常挡水位，上下游水头差最大，闸室承受的水平推力较大，是验算闸室抗滑稳定性的设计情况。泄洪期工作闸门全开，水位差较小，对水闸无大的危害，故不考虑此种情况。本次设计地震烈度为Ⅵ度，不考虑地震情况。

2. 完建无水期和正常挡水期均为基本荷载组合

取中间三孔一联（长 28m）为单元进行计算，需计算的荷载见表 6-12。

表 6-12 　　　　　　　　　　　荷 载 组 合 表

荷载组合	计算工况	荷　　　载					
		自重	静水压力	扬压力	泥沙压力	地震力	浪压力
基本组合	完建无水期	√	—	—	—	—	—
	正常挡水期	√	√	√	—	—	√

3. 完建无水期荷载（图 6-7）计算及地基承载力验算

（1）荷载计算主要是闸室及上部结构自重。在计算中以三孔一联为单元，省略一些细部构件重量，如栏杆、屋顶、检修桥等。混凝土重度采用 $24kN/m^3$，水重度采用 $10kN/m^3$。完建无水期荷载计算见表 6-13。

表 6-13 　　　　　　　　　　完建无水期荷载计算表

荷　载	自　重/kN		偏心距（距底面形心）/m	力矩/(kN·m)	
	计　算　式	结果		↙+	—↘
闸底板 $G_板$	$28×(1.5×18+1×3)×24$	20160	—	—	—
闸墩 $G_墩$	$[3.14×0.8^2+1.6×(18-1.6)-0.2×0.2×2-0.8×0.3×2]×11×1×24+[3.14×0.6^2+1.2×(18-1.2)-0.2×0.2×2-0.8×0.3×2]×11×2×24$	18256	—	—	—
工作门上部结构 $G_上$	$[(6×0.3+0.7×0.3×4)×28+10×0.4×0.4×4×4]×24$	2388	1	2388	
交通桥 $G_桥$	$28×(0.4×0.7×3+0.85×0.2×2+5.3×0.2+0.1×0.1×2)×24$	1519	5		7594
闸门（含埋件）$G_门$	—	587	1	587	
合计		42910		2975	7594

注 在计算该三孔一联中，有缝墩 1 个，中墩 2 个。

（2）完建无水期地基承载力为

$$P_{\substack{max\\min}}=\frac{\sum G}{A}\pm\frac{\sum M}{W}=\frac{42910}{18×28}\mp\frac{2975-7594}{\frac{1}{6}×18^2×28}=\genfrac{}{}{0pt}{}{88.19(最大值)}{82.08(最小值)}(kPa)$$

地基承载力平均值为

$$\overline{P}=\frac{P_{max}+P_{min}}{2}=\frac{88.19+82.08}{2}=85.14(kPa)<[P]=200kPa$$

地基不均匀系数为

$$\eta = \frac{P_{\max}}{P_{\min}} = \frac{88.19}{82.08} = 1.07 \leqslant [\eta] = 2.5$$

根据荷载计算结果，可得结论完建无水期的地基承载力能够满足要求，地基也不会发生不均匀沉陷。

4. 正常挡水期验算

（1）正常挡水期荷载。正常挡水期荷载（图6-8）计算除闸室自重外，还有静水压力、水重和闸底板所受扬压力。浪压力小于静水压力的5%，可忽略不计。正常挡水期荷载计算见表6-14。

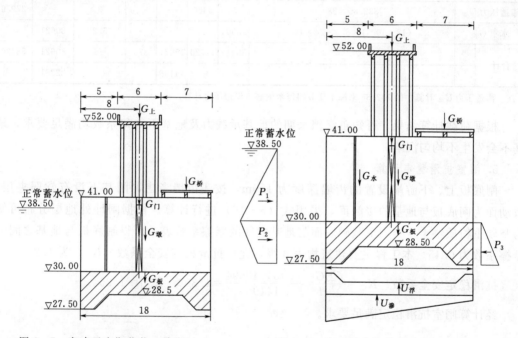

图6-7　完建无水期荷载（单位：m）　　　图6-8　正常挡水期荷载（单位：m）

（2）正常挡水期地基承载力验算。

地基承载力为

$$P_{\max \atop \min} = \frac{\sum G}{A} \pm \frac{\sum M}{W} = \frac{40694}{18 \times 28} \pm \frac{22201}{\frac{1}{6} \times 18^2 \times 28} = \genfrac{}{}{0pt}{}{95.43(\text{最大值})}{66.06(\text{最小值})} \quad (\text{kPa})$$

地基承载力平均值为

$$\overline{P} = \frac{P_{\max} + P_{\min}}{2} = \frac{95.43 + 66.06}{2} = 80.74(\text{kPa}) < [P] = 200\text{kPa}$$

地基不均匀系数为

$$\eta = \frac{P_{\max}}{P_{\min}} = \frac{95.43}{66.06} = 1.44 \leqslant [\eta] = 2.5$$

表 6 - 14　　　　　　　正常挡水期荷载计算表

荷载名称		荷 载 计 算 式	垂直力/kN ↓	垂直力/kN ↑	水平力/kN →	水平力/kN ←	偏心距（距底面形心）/m	力矩/(kN·m) ↙+	力矩/(kN·m) —↘
闸室自重		见完建期荷载合计	42910	—	—	—	—	—	—
上游水压力	P_1	$1/2 \times 10 \times 8.5^2 \times 28$	—	—	10115	—	4.33	—	28659
	P_2	$1/2 \times [8.5 \times 10 + (3.16 \times 10 + 2.5 \times 10)] \times 2.5 \times 28$	—	—	4956	—	0.334	—	1655
下游水压力 P_3		$28 \times 0.5 \times 10 \times 2.5^2$	—	—	—	875	0.17	—	146
浮托力 $U_浮$		$28 \times (1.5 \times 18 + 1 \times 3) \times 10$	—	8400	—	—	—	—	—
渗透压力 $U_渗$		332.85×28	—	9320	—	—	3	—	27959
水重 $G_水$		$(18 - 10.4) \times 8.5 \times 24 \times 10$	15504	—	—	—	5.2	80621	—
合计			58414	17720	15071	875	—	80621	58420
			40694	—	14196		—	22201	

注 渗透压力 $U_渗$ 计算中的 332.85 来源于任务四每米闸底板渗透压力计算。

　　根据荷载计算结果，可知正常挡水期的地基承载力及地基不均匀系数均满足要求，地基不会发生不均匀沉陷。

　　5. 闸室抗滑稳定计算

　　闸底板上、下游端设置的齿墙深度为 1.0m，按浅齿墙考虑，闸基下没有软弱夹层。滑动面为闸底板与地基的接触面，采用式（6-16）进行计算。根据闸址处地层分布可知为坚硬重粉质壤土，查闸室基础底面与地基之间的摩擦系数表，可得闸底板与地基之间的摩擦系数为 0.45。本工程主要建筑物为 3 级，允许抗滑稳定安全系数 $[K_C]$ 为 1.25。

　　抗滑稳定安全系数　　$K_C = \dfrac{f \sum G}{\sum H} = \dfrac{0.45 \times 40694}{14196} = 1.30 > [K_C] = 1.25$

　　经计算闸室抗滑稳定满足要求。

习 题

一、填空题

　　1. 对于软弱黏性土和淤泥质土，应采用_____地基处理方法。

　　2. 水闸进行荷载计算时，计算单元为沿水闸轴线方向取_____，计算各种荷载值的大小。

二、简答题

　　1. 简述水闸闸室稳定分析与重力坝稳定分析有何异同。

　　2. 水闸闸室稳定性及安全指标有哪些？满足安全的条件是什么？

　　3. 如何提高闸室的抗滑稳定？

　　4. 水闸闸墩墩头的外形轮廓形式主要有哪些？分别有什么特点？在实际工程中常用哪种形式，为什么？

三、计算题

1. 某水闸闸室建在岩基上，已知闸室自重 $W_1=150000kN$，垂直水重 $W_2=65000kN$，扬压力 $U=65000kN$，上游水压力 $P=100000kN$，下游水压力为 0，闸底板顺水流方向长度为 20m，分缝宽度为 18m，闸基抗滑稳定安全系数 $[K_c]=2.5$，闸室基底与地基之间的摩擦系数 $f'=0.8$，抗剪断黏结力 $C'=0.5\times10^3kN/m^2$，求闸室的抗滑稳定安全系数 K_c，并进行闸室稳定安全判定。

2. 某水闸闸室荷载计算见表 6-15，已知顺水流方向长度为 8.5m，分缝宽度为 19m，闸室基地与地基之间的摩擦系数 $f=0.45$，试进行闸室的抗滑稳定计算分析。已知：闸基抗滑稳定安全系数 $[K_c]=1.30$，应力不均匀系数小于 2.0，地基承载力设计值为 400kPa。

（1）验算闸室的抗滑稳定是否满足要求。

（2）验算闸室的基底应力是否满足允许地基承载力要求。

（3）验算地基应力不均匀系数是否满足要求。

表 6-15　　　　　　　　　　　　　荷 载 计 算 表

荷　载	垂直力/kN		水平力/kN		偏心距（距底面形心）/m	力矩/(kN·m)	
	↓	↑	←	→		+	−
坝自重（W_1）	63429.6						
桥自重（W_2）	5975.42				0.75		4481.57
墩自重（W_3）	4838.40						0
自重（门）	640.00				3.00		1920.00
上游水平水压力				18989.36	1.23		23420.21
下游水平水压力			1727.47		0.62	1076.79	
上游水重	5760.00				3.50	20160.00	
浮托力		5542.68			0	0	
渗透压力		2356.00			1.08		2552.33
合计							

任务七　闸室的结构设计

知识要求：了解水闸闸墩结构计算方法，了解整体式平底板内力计算方法。
技能要求：理解整体式平底板内力计算方法。

闸室为一受力比较复杂的空间结构，可用有限元对两道沉降缝之间的一段进行整体分析。但为简化计算，一般都将它分解为若干部件（如闸墩、底板、胸墙、工作桥、交通桥等）分别进行结构计算，同时又考虑相互之间的连接作用。

子任务一　闸墩的结构计算

闸墩应力分析方法应根据闸门形式确定。平面闸门闸墩可视为固结于闸底板上的悬臂结构，水平截面应力控制于墩底截面，其应力一般按材料力学偏心受压公式计算；弧形闸门闸墩应力分析宜采用弹性力学法或有限单元法。下面简单介绍平面闸门闸墩的应力计算。

平面闸门的闸墩，需要验算水平截面（主要是墩底）上的应力和门槽应力。计算考虑两种情况：

（1）运用情况。当闸门关闭时，不分缝的中墩主要承受上、下游水压力和自重等荷载；对分缝的中墩和边墩，除上述荷载外，还将承受侧向水压力或土压力等荷载；不分缝的中墩，在一孔关闭，邻孔闸门开启时，其受力情况与分缝的中墩相同（图 7-1）。

（2）检修情况。一孔检修，相邻闸孔运行（闸门关闭或开启）时，闸墩也将承受侧向水压力。与分缝的中墩一样，需要验算在双向水平荷载作用下的应力（图 7-2）。

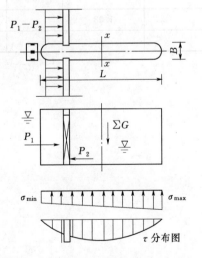

图 7-1　墩底运用时期应力计算示意图

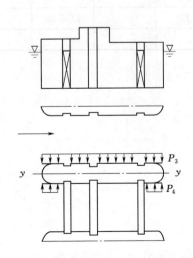

图 7-2　墩底检修时期应力计算示意图

一、闸墩水平截面上的正应力计算

闸墩水平截面上的正应力可按材料力学的偏心受压公式计算：

$$\sigma_{min}^{max} = \frac{\sum W}{A} \pm \frac{\sum M_x}{I_x} y \pm \frac{\sum M_y}{I_y} x \quad\quad (7-1)$$

式中　　σ_{min}^{max}——墩底上、下游正应力，kN/m²；

　　　　$\sum W$——作用在闸墩上全部垂直力（包括自重）之和，kN；

　　　　A——墩底水平截面面积，m²；

$\sum M_x$、$\sum M_y$——作用在闸墩上的全部荷载对墩底截面形心轴 y 轴（顺水流方向）、x 轴（垂直水流方向）的力矩之和，kN·m；

　　　　I_x、I_y——计算截面对形心轴 x 轴、y 轴的惯性矩，m⁴；

　　　　x、y——计算点至形心轴 y 轴、x 轴的距离，m。

二、墩底水平面上的剪应力计算

剪应力 τ 应按下式计算：

$$\tau_{顺水流} = \frac{Q_y S_x}{I_x b} \text{ 或 } \tau_{垂直水流} = \frac{Q_x S_y}{I_y b} \quad\quad (7-2)$$

式中　　Q_x、Q_y——作用在墩底水平截面上 x、y 方向的剪力，kN；

　　　　S_x、S_y——剪应力计算截面处以上的各部分面积对形心轴 x、y 的面积矩之和，m³；

　　　　b——剪应力计算截面处的墩宽，m。

三、门槽应力计算

门槽颈部因受闸门传来的水压力而可能受拉，应进行强度计算，以确定配筋量。计算时在门槽处截取脱离体（取下游段或上游段底板以上闸墩均可）（图7-3），将闸墩及其上部结构重量、水压力及闸墩底面以上的正应力和剪应力等作为外荷载施加在脱离体上。根据平衡条件，求出作用于门槽截面 BE 中心的力 T_0 及力矩 M_0，然后按偏心受压公式求出门槽应力 σ。

$$\sigma = \frac{T_0}{A} \pm \frac{M_0 \frac{h}{2}}{I} \quad\quad (7-3)$$

其中　　　　$A = b'h$

　　　　　　$I = \frac{b'h^3}{12}$

式中　　T_0——脱离体上水平作用力的总和；

　　　　A——门槽截面面积；

　　　　M_0——脱离体上所有荷载对门槽截面中心 O' 的力矩之和；

　　　　I——槽截面对中心轴的惯性矩；

　　　　b'、h——门槽截面宽度和高度。

四、闸墩配筋

1. 平板闸门闸墩配筋

闸墩的内部应力不大，一般不会超过墩体材料的允

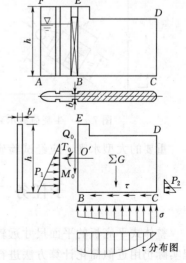

图7-3　门槽应力计算示意图

许应力，按理可不配置钢筋。但考虑到混凝土的温度、收缩应力的影响，以及为了加强底板与闸墩间施工缝的连接，仍需配置构造钢筋。垂直钢筋一般每米 3～4 根 $\phi10～14mm$，下端伸入底板 25～30 倍钢筋直径，上端伸至墩顶或底板以上 2～3m 处截断（温度变化较小地区，考虑到检修时受侧向压力的影响，底部钢筋应适当加密）。水平向分布钢筋一般用 $\phi8～12mm$，每米 3～4 根。这些钢筋都沿闸墩表面布置。

闸墩的上下游端部（特别是上游端），容易受到漂流物的撞击，一般自底至顶均布置构造钢筋，网状分布。闸墩墩顶支承上部桥梁的部位，也要布置构造钢筋网。

一般情况下，门槽顶部为压应力，底部为拉应力。若拉应力超过混凝土的允许拉应力时，则按全部拉应力由钢筋承担的原则进行配筋。否则配置构造钢筋，布置在门槽两侧，水平排列，每米 3～4 根，直径较之墩面水平分布钢筋适当加大。

2. 弧形闸门闸墩配筋

弧形闸门通过牛腿支撑在闸墩上，故不需设置门槽。牛腿宽度 $b\geqslant50～70cm$，高度 $h\geqslant80～100cm$，并在其端部设 45°斜坡，牛腿轴线尽量与闸门关闭时门轴处合力作用线一致，如图 7-4 所示。

闸门关闭挡水时，牛腿在半扇弧形闸门水压力 R 的法向分力 N 和切向分力 T 共同作用下工作，分力 N 使牛腿弯曲和剪切，T 则使牛腿产生扭曲和剪切。牛腿可视为短悬臂梁进行内力计算和配筋。

牛腿处闸墩在分力 N 作用下，根据偏光弹性试验表明，在牛腿前约 2 倍牛腿宽、1.5～2.5 倍牛腿高范围内（图 7-5），墩内的主拉应力大于混凝土的容许拉应力，需要配筋；在此范围以外，拉应力小于混凝土的容许拉应力，不需配筋或按构造配筋。

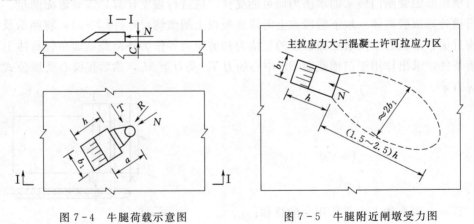

图 7-4　牛腿荷载示意图　　　　图 7-5　牛腿附近闸墩受力图

重要的大型水闸，应经试验确定闸墩的应力状态，并据此配置钢筋。

子任务二　整体式平底板内力计算

整体式平底板的平面尺寸远较厚度为大，可视为地基上的受力复杂的一块板。目前工程实际仍用近似简化计算方法进行强度分析。一般认为闸墩刚度较大，底板顺水流方向弯曲变形远较垂直水流方向小，假定顺水流方向地基反力呈直线分布，故常在垂直水流方向取单宽板条进行内力计算。

按照不同的地基情况采用不同的底板应力计算方法。相对密度 $D_r > 0.5$ 的砂土地基或黏性土地基，可采用弹性地基梁法。相对密度 $D_r \leqslant 5$ 的砂土地基，因地基松软，底板刚度相对较大，变形容易得到调整，可以采用地基反力沿水流流向呈直线分布，垂直水流流向为均匀分布的反力直线分布法。对小型水闸，则常采用倒置梁法。

一、弹性地基梁法

弹性地基梁法认为底板和地基都是弹性体，底板变形和地基沉降协调一致，垂直水流方向地基反力呈不均匀分布（图 7-6），据此计算地基反力和底板内力。此法考虑了底板变形和地基沉降相协调，又计入边荷载的影响，比较合理，但计算比较复杂。

当采用弹性地基梁法分析水闸闸底板应力时，应考虑可压缩土层厚度 T 与弹性地基梁半长 $L/2$ 之比值的影响。当 $2T/L < 0.25$ 时，可按基床系数法（文克尔假定）计算；当 $2T/L > 2.0$ 时，可按半无限深的弹性地基梁法计算；当 $2T/L = 0.25 \sim 2.0$ 时，可按有限深的弹性地基梁计算。

弹性地基梁法计算地基反力和底板内力的具体步骤如下：

（1）偏心受压公式计算闸底纵向（顺水流方向）地基反力。

（2）在垂直水流方向截取单宽板条及墩条，计算板条及墩条上的不平衡剪力。

以闸门槽上游边缘为界，将底板分为上、下游两段，分别在两段的中央截取单宽板条及墩条进行分析，如图 7-6（a）所示。作用在板条及墩条上的力有底板自重（q_1）、水重（q_2）、中墩重（G_1/b_1）及缝墩重（G_2/b_2），中墩及缝墩重（包括其上部结构及设备自重在内）中，在底板的底面有扬压力（q_3）及地基反力（q_4），如图 7-6（b）所示。

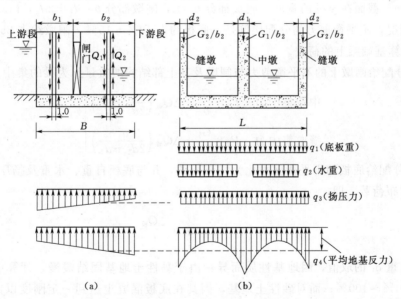

图 7-6　作用在单宽板条上的荷载及地基反力示意图

由于底板上的荷载在顺水流方向是有突变的，而地基反力是连续变化的，所以，作用在单宽板条及墩条上的力是不平衡的，即在板条及墩条的两侧必然作用有剪力 Q_1 及 Q_2，并由 Q_1 及 Q_2 的差值来维持板条及墩条上力的平衡，差值 $\Delta Q = Q_1 - Q_2$，称为不平衡剪

力。以下游段为例，根据板条及墩条上力的平衡条件，取$\sum F=0$，则

$$\frac{G_1}{b_1}+2\frac{G_2}{b_2}+\Delta Q+(q_1+q'_2-q_3-q_4)L=0 \qquad (7-4)$$

由式（7-4）可求出ΔQ，式中假定ΔQ的方向向下，如算得结果为负值，则ΔQ的实际作用方向应向上。q'_2表示将闸底板宽度所受的水重折算至计算宽度L所受的水重，$q'_2=q_2(L-2d_2-d_1)/L$。

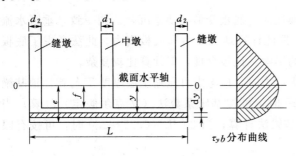

图 7-7　不平衡剪力 ΔQ 分配计算简图

（3）确定不平衡剪力在闸墩和底板上的分配。不平衡剪力Q应由闸墩及底板共同承担，各自承担的数值，可根据剪应力分布图面积按比例确定。为此，需要绘制计算板条及墩条截面上的剪力分布图。对于简单的板条和墩条截面，可直接应用积分法求得，如图7-7所示。由材料力学得知，截面上的剪应力τ_y为

$$\tau_y=\frac{\Delta Q}{bJ}S \quad (\text{kPa}) \qquad (7-5)$$

式中　ΔQ——不平衡剪力，kN；

J——横截面惯性矩，m^4；

S——计算截面以下的面积对全截面形心轴的面积矩，m^3；

b——截面在y处的宽度，底板部分$b=L$，闸墩部分$b=d_1+2d_2$，m。

一般情况，不平衡剪力的分配比例是：底板约占$10\%\sim15\%$，闸墩约占$85\%\sim90\%$。

（4）计算基础梁上的荷载。

1）将分配给闸墩上的不平衡剪力与闸墩及其上部结构的重量作为梁的集中力。

$$\left.\begin{array}{l}\text{中墩集中力}\quad P_1=\dfrac{G_1}{b_1}+\Delta Q_墩\left(\dfrac{d_1}{2d_2+d_1}\right)\\[3mm]\text{缝墩集中力}\quad P_2=\dfrac{G_2}{b_2}+\Delta Q_墩\left(\dfrac{d_1}{2d_2+d_1}\right)\end{array}\right\} \qquad (7-6)$$

2）将分配给底板的不平衡剪力化为均布荷载，并与底板自重、水重及扬压力等合并，作为梁的均布荷载，即

$$q=q_1+q'_2-q_3+\frac{\Delta Q_板}{L} \qquad (7-7)$$

底板自重q_1的取值，因地基性质而异：由于黏性土地基固结缓慢，计算中可采用底板自重的$50\%\sim100\%$；而对砂性土地基，因其在底板混凝土达到一定刚度以前，地基变形几乎全部完成，底板自重对地基变形影响不大，在计算中可以不计。

（5）考虑边荷载的影响。边荷载是指计算闸段底板两侧的闸室或边墩背后回填土及岸墙等作用于计算闸段上的荷载。计算闸段左侧的边荷载为其相邻闸孔的闸基压应力，右侧的边荷载为回填土的重力以及侧向土压力产生的弯矩。

（6）计算地基反力及梁的内力。根据 $2T/L$ 值判别所需采用的计算方法，然后利用已编制好的数表（如郭氏表）计算地基反力和梁的内力，并绘出内力包络图，然后按钢筋混凝土或少筋混凝土结构配筋，并进行抗裂或限裂计算，底板的钢筋布置如图7-8所示。

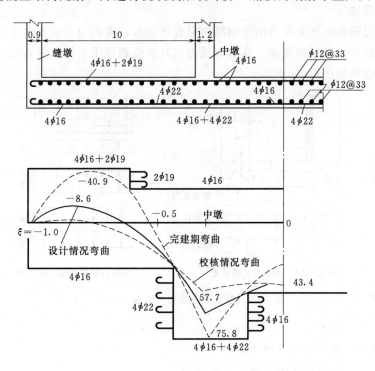

图 7-8 底板的钢筋布置

（单位：长度为 m，弯矩为 kN·m，直径为 mm，间距为 cm）

底板的主拉应力一般不大，可由混凝土承担，不需要配置横向钢筋，故面层、底层钢筋作分离式布置（图7-8）。受力钢筋每米不少于3根，直径不宜小于12mm和大于32mm，一般为12~25mm，构造钢筋直径为10~12mm。底板底层如计算不需配筋，施工质量有保证时，可不配置。面层如计算不需配筋，每米可配3~4根构造钢筋以抵抗表面水流的剧烈冲刷。垂直于受力钢筋方向，每米可配置3~4根直径10~12mm的分布钢筋。受力钢筋在中墩处不切断，相邻两跨直通至边墩或缝墩外侧处切断，并留保护层。构造筋伸入墩下30倍直径。

二、反力直线分布法

该法假定地基反力在垂直水流方向也为均匀分布。其计算步骤如下：

（1）用偏心受压公式计算闸底纵向地基反力。

（2）确定单宽板条及墩条上的不平衡剪力。

（3）将不平衡剪力在闸墩和底板上进行分配。

（4）计算作用在底板梁上的荷载。将由式（7-6）计算确定的中墩集中力 P_1 和缝墩集中力 P_2 化为局部均布荷载，其强度分别为 $p_1 = P_1/d_1$，$p_2 = P_2/d_2$，同时将底板承担的不平衡剪力化为均布荷载，则作用底板底面的均布荷载为

$$q = q_3 + q_4 - q_1 - q_2' - \frac{\Delta Q_板}{L} \tag{7-8}$$

（5）按静定结构计算底板内力。

三、倒置梁法

该法同样也是假定地基反力沿闸室纵向呈直线分布，横向（垂直水流方向）为均匀分布，它是把闸墩作为底板的支座，在地基反力和其他荷载作用下按倒置连续梁计算底板内力。其计算示意图如图 7-9 所示。

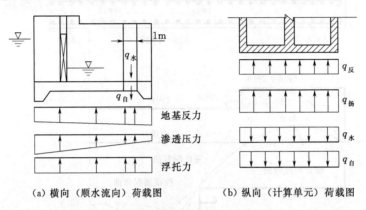

（a）横向（顺水流向）荷载图　　　（b）纵向（计算单元）荷载图

图 7-9　倒置梁计算板条荷载示意图

$$q = q_反 + q_扬 - q_自 - q_水$$

式中　$q_反$、$q_扬$——地基反力及扬压力；

$q_自$、$q_水$——底板及作用于板上水的重力。

倒置梁法的缺点是没有考虑底板与地基变形协调条件，假设底板在横向的地基反力分布与实际情况不符，闸墩处的支座反力与实际的铅直荷载也不相等。因此，该法只适用于软弱地基上的小型水闸。

胸墙、工作桥、交通桥等结构计算视支承和结构情况按板或板梁系统进行结构计算。其内力计算可参阅有关结构力学教材。

习　题

填空题

1. 整体式平底板的平面尺寸远比厚度大，可视为地基上的受力复杂的一块板。因底板顺水流方向弯曲变形远较垂直水流方向小，故在垂直水流方向常取_____进行内力计算。

2. 水闸底板应力计算方法有_____、_____和_____。

任务八 水闸的两岸连接建筑物

知识要求： 掌握两岸连接建筑物的结构形式种类。

技能要求： 会识读两岸连接建筑物的结构形式。

水闸与河岸或堤、坝等连接时，必须设置连接建筑物。连接建筑物应保证岸坡稳定，与上、下游河道平顺衔接，水闸进、出水流顺畅等条件，提高泄流能力和消能防冲效果，满足侧向防渗需要，减轻闸室底板边荷载影响，且有利于环境绿化等。连接建筑物包括：上、下游翼墙和边墩（或边墩和岸墙），有时还设有防渗刺墙。连接建筑物的作用如下：

（1）挡住两侧填土，维持土坝及两岸的稳定。

（2）当水闸泄水或引水时，上游翼墙主要用于引导水流平顺进闸，下游翼墙使出闸水流均匀扩散，减少冲刷。

（3）保持两岸或土坝边坡不受过闸水流的冲刷。

（4）控制通过闸身两侧的渗流，防止与其相连的岸坡或土坝产生渗透变形。

（5）在软弱地基上设有独立岸墙时，可以减少地基沉降对闸身应力的影响。

在水闸工程中，两岸连接建筑在整个工程中所占比重较大，有时可达工程总造价的 15%～40%，闸孔越少，所占比重越大。因此，在水闸设计中，对连接建筑的形式选择和布置，应予以足够重视。

子任务一 两岸连接建筑物的形式和布置

一、闸室与两岸的连接

水闸闸室与两岸（或堤、坝等）的连接形式主要与地基及闸身高度有关。当地基较好、闸身高度不大时，可用边墩直接与河岸连接，如图 8-1（a）～（d）所示。

在闸身较高、地基软弱的条件下，如仍采用边墩直接挡土，由于边墩与闸身地基的荷载相差悬殊，可能产生不均匀沉降，影响闸门启闭，并在底板内产生较大的内力。此时，可在边墩外侧设置轻型岸墙，边墩只起支承闸门及上部结构的作用，而土压力全由岸墙承担，如图 8-1（e）～（h）所示。这种连接形式可以减少边墩和底板的内力，同时还可使作用在闸室上的荷载比较均衡，减少不均匀沉降。当地基承载力过低，可采用护坡岸墙的结构形式，如图 8-2 所示。其优点是边墩既不挡土，也不设岸墙挡土。因此，闸室边孔受力状态得到改善，适用于软弱地基。缺点是防渗和抗冻性能较差。为了满足挡水和防渗需要，在岸坡段设刺墙，其上游设防渗铺盖。

为了延长两岸绕渗的渗径，一些水闸常在边墩和岸墙后面加设防渗刺墙。防渗刺墙一般均垂直水流向布置。在满足闸基防渗要求时，插入两岸部分可以随地形变化，分段抬高

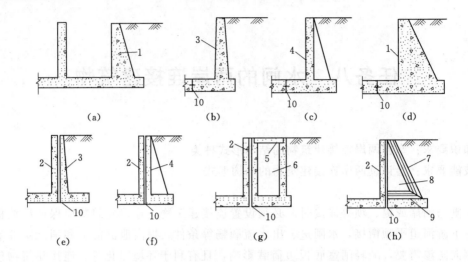

图8-1 闸室与两岸或土坡的连接方式

1—重力式边墩；2—边墩；3—悬臂式边墩或岸墙；4—扶臂式边墩或岸墙；5—顶板；
6—空箱式岸墙；7—连拱板；8—连拱式空箱支墩；9—连拱底板；10—沉降缝

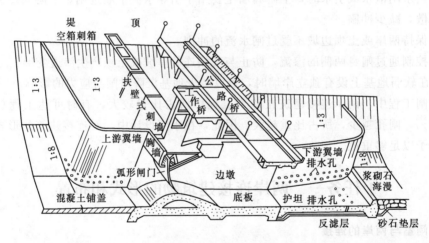

图8-2 护坡连接式

基础高程，以降低工程造价。

二、水闸上、下游与两岸的连接

上游翼墙应与闸室两端平顺连接，其顺水流方向的投影长度应不小于铺盖长度；下游翼墙的平均扩散角每侧宜采用 7°～12°，其顺水流方向的投影长度不小于消力池长度。上、下游翼墙的墙顶高程应分别高于上、下游最不利的运用水位。翼墙分段长度应根据结构和地基条件确定，可采用 15～20m。建筑在软弱地基或回填土上的翼墙分段长度可适当缩短。

翼墙平面布置通常有下列几种形式。

1. 反翼墙

翼墙自闸室向上、下游延伸一段距离，然后转弯 90°插入堤岸，墙面铅直，转弯半径约 2～5m，如图 8-3 所示。这种布置形式的防渗效果和水流条件均较好，但工程量较大，一般适用于大中型水闸。对于渠系小型水闸，为节省工程量可采用一字形布置形式，即翼

墙自闸室边墩上下游端即垂直插入堤岸。这种
布置形式进出水流条件较差。

2. 圆弧翼墙

圆弧翼墙布置是从边墩开始，向上、下游
用圆弧形的铅直翼墙与河岸连接。上游圆弧半
径为15～30m，下游圆弧半径为30～40m，如
图8-4所示。其优点是水流条件好，但模板
用量大，施工复杂。这种布置适用于上下游水
位差及单宽流量较大、闸室较高、地基承载力较低的大中型水闸。

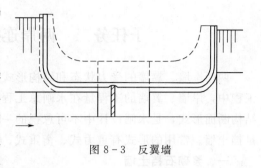

图8-3 反翼墙

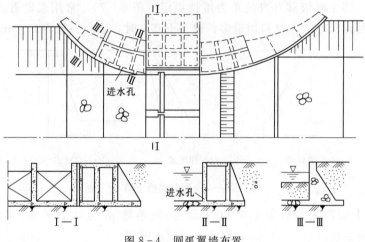

图8-4 圆弧翼墙布置

3. 扭曲面翼墙

翼墙迎水面是由与闸墩连接处的铅直面，向上、下游延伸而逐渐变为倾斜面，直至与
其连接的河岸（或渠道）的坡度相同为止（图8-5）。翼墙在闸室端为重力式挡土墙断面
形式，另一端为护坡形式。这种布置形式的水流条件好，且工程量小，但施工较为复杂，
应保证墙后填土的夯实质量，否则容易断裂。这种布置形式在渠系工程中应用较广。

4. 斜墙翼墙

在平面上呈八字形，随着翼墙向上、下游延伸，其高度逐渐降低，至末端与河底齐
平，如图8-6所示。这种布置的优点是节省工程量，施工简单，但防渗条件差，泄流时
闸孔附近易产生立轴漩涡，冲刷河岸或坝坡，一般用于较小水头的小型水闸。

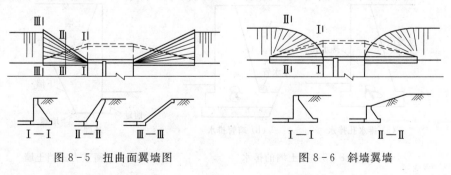

图8-5 扭曲面翼墙图 　　　　　图8-6 斜墙翼墙

子任务二　两岸连接建筑物的结构形式

两岸岸墙、翼墙的受力状态和结构形式与一般挡土墙相似。在高度大、孔数少的水闸工程中，岸墙、翼墙的工程量在水闸总工程量中占很大比例，选择安全可靠、经济合理的结构断面形式，是水闸设计中不可忽视的一个重要方面。两岸连接建筑物从结构观点分析是挡土墙。常用的形式有重力式、衡重式、悬臂式、扶壁式、空箱式及连拱空箱式等。

一、浆砌石挡土墙

1. 重力式挡土墙

重力式挡土墙主要依靠自身的重力维持稳定（图8-7），常用浆砌石或混凝土建造。由于挡土墙的断面尺寸大，材料用量多，建在土基上时，墙高一般为5～6m。

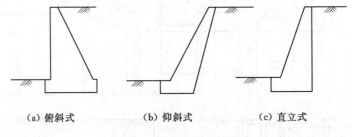

（a）俯斜式　　　　（b）仰斜式　　　　（c）直立式

图8-7　重力式挡土墙

重力式挡土墙顶宽一般为0.3～0.8m，边坡系数 m 为0.25～0.5，混凝土底板厚0.5～0.8m，两端悬出0.3～0.5m，前趾常需配置钢筋。

为了提高挡土墙的稳定性，墙顶填土面应设防渗；墙内设排水设施，如图8-8所示，以减少墙背面的水压力。排水设施可采用排水孔［图8-8（a）］或排水暗管［图8-8（b）］。

重力式翼墙结构计算同挡土墙，具体详见SL 379—2007《水工挡土墙设计规范》。

2. 衡重式挡土墙

衡重力式挡土墙（图8-9）由上墙、衡重台与下墙三部分组成。多采用浆砌石或混凝土建造。其稳定主要靠墙身自重和衡重台上填土来满足。墙背开挖，允许边坡较陡时，如坚硬黏土，其衡重台以下墙背为仰斜，其土压力值也大为减少。由于衡重力式挡土墙衡重台有减少土压力作用，其断面一般比重力式小，因此其应用高度较重力式大，同时要求地基的允许承载力比重力式高。结构计算同重力式挡土墙。

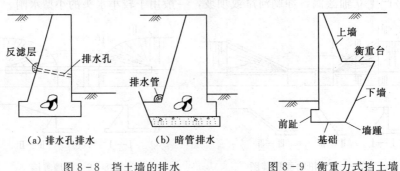

（a）排水孔排水　　　（b）暗管排水

图8-8　挡土墙的排水　　　　　　图8-9　衡重力式挡土墙

二、钢筋混凝土挡土墙

1. 悬臂式挡土墙

悬臂式挡土墙是由直墙和底板组成的一种钢筋混凝土轻型挡土结构（图 8-10）。其适宜高度为 6~10m，用作翼墙时，断面为倒 T 形，用作岸墙时，则为 L 形 [图 8-1 (e)]。这种翼墙具有厚度小、自重轻等优点。它主要是利用底板上的填土维持稳定。

底板宽度由挡土墙稳定条件和基底压力分布条件确定。调整后踵板长度，可以改善稳定条件；调整前趾板长度，可以改善基底压力分布。直墙和底板近似按悬臂板计算。

2. 扶壁式挡土墙

当墙的高度超过 10m 以后，采用钢筋混凝土扶壁式挡土墙较为经济。扶壁式挡土墙由直墙、底板及扶壁三部分组成，如图 8-11 所示。利用扶壁和直墙共同挡土，并可利用底板上的填土维持稳定，当改变底板长度时，可以调整合力作用点位置，使地基反力趋于均匀。

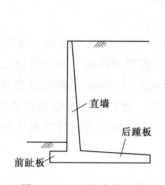

图 8-10 悬臂式挡土墙

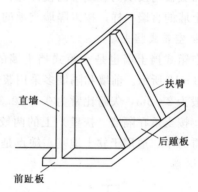

图 8-11 扶壁式挡土墙

钢筋混凝土扶壁间距一般为 3~4.5m，扶壁厚度为 0.3~0.4m；底板用钢筋混凝土建造，其厚度由计算确定，一般不小于 0.4m；直墙顶端厚度不小于 0.2m，下端厚度由计算确定。前趾板（悬臂段）长度 b 约为 $(1/3~1/5)B$（B 为底板长度）。直墙高度在 6.5m 以内时，直墙和扶壁可采用浆砌石结构，直墙顶厚 0.4~0.6m，临土面可做成 1:0.1 的坡度；扶壁间距 2.5m，厚 0.5~0.6m。

底板的计算，分前趾板和后踵板两部分。前趾板计算与悬臂梁相同。后踵板分两种情况：当 $L_1/L_0 \leqslant 1.5$（L_0 为扶壁净距）时，按三边固定一边自由的双向板计算；当 $L_1/L_0 > 1.5$ 时，则自直墙起至离直墙 $1.5L_0$ 为止的部分，按三面支承的双向板计算，在此以外按单向连续板计算。

扶壁计算，可把扶壁与直墙作为整体结构，取墙身与底板交界处的 T 形截面按悬臂梁分析。

3. 空箱式挡土墙

空箱式挡土墙由底板、前墙、后墙、扶壁、顶板和隔板等组成，如图 8-12 所示。利用前后墙之间形成的空箱充水或填土可以调整地基应力。因此，它具有重力小和地基应力分布均匀的优点，但其结构复杂，需用较多的钢筋和木材，施工麻烦，造价较高。故仅在某些地基松软的大中型水闸中使用。在上下游翼墙中基本上不再采用。

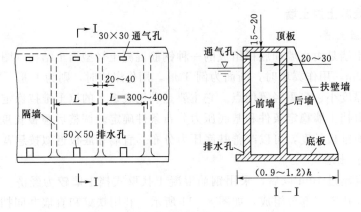

图 8-12　空箱式挡土墙（单位：cm）

顶板和底板均按双向板或单向板计算，原则上与扶壁式底板计算相同。前墙、后墙与扶壁式挡土墙的直墙一样，按以隔墙支承的连续板计算。

4. 连拱空箱式挡土墙

连拱空箱式挡土墙也是空箱式挡土墙的一种形式，它由底板、前墙、隔墙和拱圈组成，如图 8-13 所示。前墙和隔墙多采用浆砌石结构，底板和拱圈一般为混凝土结构。拱圈净跨一般为 2~3m，矢跨比常为 0.2~0.3，厚度为 0.1~0.2m。拱圈的强度计算可选取单宽拱条，按支承在隔墙（扶壁）上的两铰拱进行计算。连拱式挡土墙的优点是钢筋省、造价低、重力小，适用于软土地基。缺点是挡土墙在平面布置上需转弯时施工较困难，整体性差。

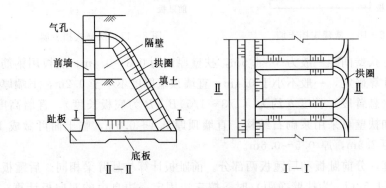

图 8-13　连拱空箱式挡土墙

习　题

简答题

1. 水闸两岸连接建筑物的作用分别是什么？在平面布置上有哪几种形式？

2. 水闸两岸连接建筑物的结构形式有哪几种？在设计时应如何进行选择？

3. 挡土墙内通常需设置排水管，在排水管的进口处设反滤体或反滤包，反滤体的作用是什么？可以由哪些材质组成？

任务九 橡 胶 坝

知识要求：认识橡胶坝、掌握橡胶坝的特点及组成。
技能要求：会进行橡胶坝的布置。

子任务一 橡 胶 坝 的 认 识

橡胶坝是在 20 世纪 50 年代末，随着高分子合成纤维和橡胶工业的发展而出现的一种新型低水头水工建筑物。它以高强度合成纤维织物作受力骨架，内外涂敷橡胶作黏结保护层，按要求尺寸制成坝袋，锚固于底板上，形成封闭状，用水或气充胀，形成袋式挡水坝，也可起到水闸的作用，如图 9-1 所示。橡胶坝可升可降，既可充坝挡水，又可坍坝过流；坝高调节自如，溢流水深可以控制，起到了闸门、溢流坝和活动坝的作用。其运用条件与水闸相似，用于防洪、灌溉、发电、供水、航运、挡潮、地下水回灌及城市园林美化等工程中。橡胶坝具有结构简单、抗震性好、施工期短、操作灵活、总造价低等优点，已广泛应用于水利、水电、水运、市政工程等。国外从 1956 年开始研制橡胶坝，至今已在很多国家得到了广泛应用。我国自 1965 年开始研制，试建了 60 余座橡胶坝。最早兴建的试点工程有北京右安门橡胶坝和广东洪秀全水库橡胶坝，湖南省有水渡河彩色橡胶坝水闸和娄底市孙水河富公亭电站橡胶坝。

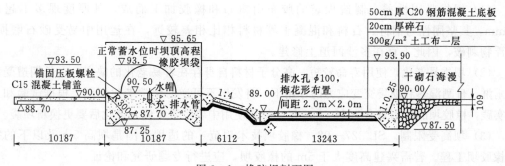

图 9-1 橡胶坝剖面图

橡胶坝发展经过研究期和发展期，现在已达到了成熟期。目前，我国已成功建设了橡胶坝 2 万余座，单跨最长 170m，多跨最长 1136m，已建成坝的高度一般为 0.5～3.0m，最高的已达 6.0m。

一、橡胶坝的特点

1. 优点

橡胶坝由高强度的织物合成纤维受力骨架与合成橡胶构成，锚固在基础底板上，形成密封袋形，充入水或气，形成水坝。橡胶坝主要由基础土建部分、挡水坝体、充排水

（气）设施及控制监测系统等部分组成。与传统的挡水建筑物和建筑材料相比，橡胶坝具有以下特点：

（1）造价低。橡胶坝的造价与同规模的水闸相比，一般可以减少投资 30％～70％，从决策、设计到实施的工程建设，可以最大限度地节约资金。造价较低是橡胶坝的突出优点。

（2）节省"三材"。橡胶坝袋是以合成纤维织物和橡胶制成的薄柔性结构代替钢材及钢筋混凝土结构。由于不需要修建中间闸墩、工作桥和安装启闭机等，并且简化了水下结构，因此"三材"用量显著减少，一般可省钢材 30％～50％、水泥 50％左右、木材 60％以上。

（3）施工期短。橡胶坝袋是先在工厂生产，然后到现场安装，施工速度快，一般 3～15 天即可安装完毕，整个工程结构简单，工期一般为 3～6 个月，多数橡胶坝工程是当年施工当年受益。

（4）抗震性能好。橡胶坝结构简单，坝体为柔性薄壳结构，富有抗冲击弹性 35％左右，伸长率达 600％，能抵抗强大地震波和特大洪水的波浪冲击。

（5）不阻水，止水效果好。坝袋锚固于底板和岸墙上，基本能不漏水。坝袋内水（气）泄空后，紧贴在底板上，不缩小原有河床断面，无须建中间闸墩、启闭机架等结构，泄洪时不阻水、泄量大。

（6）管理方便，运行费用低。橡胶坝工程的挡水体为充满水（气）的坝袋，通过向坝袋内充排水（气）来调节坝高的升降，控制系统仅由水泵、阀门等组成，简单可靠，管理方便。比常规闸坝节省运行费用达 50％左右。

2. 缺点

橡胶坝的缺点如下：

（1）坝袋坚固性差。制造坝袋的胶布由帆布和橡胶加工而成，其厚度现多不超过20mm，其坚固性与钢材、石料和混凝土等材料相比相差较远，在运用中易受砂石磨损、漂浮物刺破，因此不宜在多沙河道上修建。

（2）坝袋易老化，使用寿命较短。高分子材料自身存在着易老化的缺点，在长期遭受风吹雨淋、日晒湿热和坝袋交变应力的作用下，将发生不可逆的化学老化问题。根据试验和工程实践，橡胶坝的使用寿命为 15～25 年。坝袋使用中要经常维修，老化后要更换新坝袋。

（3）坝高受限制。SL 227—98《橡胶坝技术规范》的适用范围是坝高 5m 及以下的袋式橡胶坝工程。若需兴建高度大于 5m 的橡胶坝，应进行专题研究和论证。

二、橡胶坝的类型

橡胶坝主要按照坝袋内充胀介质、锚固坝袋的方式和坝袋数量进行分类。

1. 按坝袋内充胀介质分类

（1）充水式橡胶坝。完全用水来充胀坝袋。

（2）充气式橡胶坝。完全用气来充胀坝袋。

（3）水气混合式橡胶坝。坝袋内部分充水，部分充气，利用了充水式橡胶坝气密性要求低的优点和充气式橡胶坝坍坝迅速的特点，但需要两套充排设备，管理运行麻烦，应用较少。

2. 按锚固坝袋的方式分类

(1) 单锚固橡胶坝。仅在坝底板的上游侧布置一条锚固线来将坝袋锚固。

(2) 双锚固橡胶坝。沿充胀的坝袋在底板上贴地宽度的上、下游边缘处各布置一条线来锚固坝袋。

(3) 堵头（枕）式橡胶坝。在坝底板上布置一个矩形的锚固线来锚紧坝袋。

3. 按坝袋数量分类

(1) 单袋式橡胶坝。只安装一个坝袋来挡水，这种是最常用的方式，如图 9 - 2 (a) 所示。

(2) 多袋式橡胶坝。将 2 个或 2 个以上的坝袋叠加起来，以达到所需的挡水高度，如图 9 - 2 (c) 所示。这种方式不提倡推广应用。

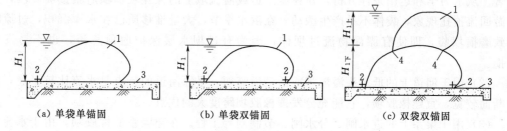

(a) 单袋单锚固　　　　　(b) 单袋双锚固　　　　　(c) 双袋双锚固

图 9 - 2　橡胶坝袋锚固形式

1—坝袋；2—锚固点；3—混凝土底板；4—锚接点

还有橡胶片闸（帆式片闸），它没有封闭的空腔，需靠启闭机械来调节挡水高度。刚柔组合结构的橡胶坝，是将钢结构与坝袋胶布相组合来完成预定功能的。经过工程实践考验后，现主要推广单袋式的充水或充气的橡胶坝。

三、橡胶坝的组成

橡胶坝工程按结构组成可划分为三部分：基础土建部分、挡水坝体、控制和安全观测系统（图 9 - 3）。

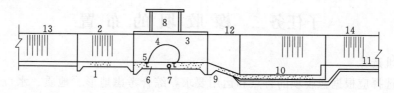

图 9 - 3　橡胶坝的组成

1—铺盖；2—上游翼墙；3—岸墙；4—坝袋；5—锚固；6—基础底板；7—充排水管路；
8—控制室；9—斜坡段；10—消力池；11—海漫；12—下游翼墙；
13—上游护坡；14—下游护坡

(1) 基础土建部分。包括基础底板、边墩（岸墙）、中墩（多跨式）、上下游翼墙、上下游护坡、上游防渗铺盖或截渗墙、下游消力池、海漫等。其作用是将上游水流平稳而均匀地引入并通过橡胶坝，保证水流过坝后不产生淘刷。固定橡胶坝的基础底板要能抵抗通过锚固传递到底板的推力，使坝体得到稳定。

（2）挡水坝体。包括橡胶坝袋和锚固结构，用水（气）将坝袋充胀后即可挡水、调节水位和控制流量。

（3）控制和安全观测系统。包括充胀和坍落坝体的充排设备、安全及检测装置。充水式橡胶坝的充排设备有控制室、蓄水池或集水井、管道、水泵、阀门等；充气式橡胶坝的充排设备是用空气压缩机（鼓风机）代替水泵，不需要蓄水池。观测设备有压力表、水封管、U 形管、水位计和水尺等。

四、橡胶坝的适用范围

袋式橡胶坝适用于低水头、大跨度的闸坝工程，主要用于改善环境、灌溉和防洪等工程。

（1）用于水库溢洪道上的闸门或活动溢流堰，以增加库容及发电水头，工程效益十分显著。从水力学和运用条件分析，建在溢洪道或溢流堰上的橡胶坝，坝后紧接陡坡段，无下游回流顶托现象，袋体不易产生颤动。在洪水季节，大量推移质已在水库沉积，过流时不致磨损坝袋，即使有漂浮物流过坝体，因为有过坝水层保护堰顶急流，也不易发生磨损。

（2）用于河道上的低水头溢流坝或活动溢流堰。平原河道的特点是水流比较平稳，河道断面较宽，宜建橡胶坝，它能充分发挥橡胶坝跨度大的优点。

（3）用于渠系上的进水闸、分水闸、节制闸等工程。在建渠系的橡胶坝，由于水流比较平稳，袋体柔软、止水性能好，能保持水位和控制坝高来调节水位和流量。

（4）用于沿海岸做防浪堤或挡潮闸。由于橡胶制品有抗海水侵蚀和抗海生生物影响不会像钢、铁那样因生锈而降低性能。

（5）用于施工围堰或活动围堰。橡胶活动围堰高度可升可降，并能从堰顶过流，解决在城市的取土困难问题，不需取土筑堰，可保持河道清洁，节省劳力和缩短工期。

（6）用于城市蓄水美化景观的河道。用于城市河流梯级开发，需沿程连续蓄水的河流，尤其是位于城市中的用以蓄水美化景观的河道。橡胶坝不需加高两岸堤防，汛期坍坝后不占用河道行洪断面，为最好的工程措施之一。

子任务二　橡胶坝的布置

一、坝址选择

坝址的选择应根据橡胶坝的特点和运用要求，综合考虑地形、地质、水位、泥沙、环境影响等因素，经过技术经济比较确定坝址。坝址宜选在河段相对顺直、水流流态平顺及岸坡稳定的河段，这不仅避免发生波状水跃和折冲水流等不利流态，防止有害的冲刷和淤积，而且使过坝水流平稳，减轻坝袋振动及磨损，延长坝袋使用寿命。坝址上下游均要有一定长度的平直段。同时，要充分考虑河床或河岸的变化特点，估计建坝后对原有河道可能产生的影响。坝址选择还应考虑施工导流、交通运输、供水供电、运行管理、坝袋检修等条件，在满足泄洪条件下，将基础底板抬高 0.2～0.4m。

二、橡胶坝的布置要求

1. 一般要求

橡胶坝枢纽布置应根据坝址地形、地质、水流等条件，以及该枢纽中各个建筑物的功能、特点、运用要求等确定，做到布局合理、结构简单、安全可靠、运行方便、造型美观，组成整体效益最大的有机结合体。

2. 特殊要求

除考虑以上一般要求外，还必须考虑橡胶坝本身的特点和适用条件，满足以下特殊要求：

（1）在溢流堰或溢洪道上的橡胶坝，坝后紧接陡坡段，无下游回流顶托，无须布置上游防渗铺盖和下游消力设施。在溢洪道上的橡胶坝是运行情况最好的。

（2）建在平原地区河道上的橡胶坝。平原地区的河道水流比较平稳，河流断面较宽，可充分发挥橡胶坝跨度大、阻力小的优点。橡胶坝运用时要考虑过坝水流与下游水深的关系，布置好消能设施，防止河床和河岸冲刷，尽可能避免产生坝袋振动磨损。当河道断面很宽时，可布设中墩，应注意布设中墩不宜过短，避免墩下游产生很大的漩涡回流冲击坝袋，产生振动磨损。

（3）建在山区河道上的橡胶坝。应注意防止推移质泥沙对坝袋的磨损导致坝袋破裂，布置时宜将基础底板适当抬高，改善上、下游水面的衔接，更要加强橡胶坝振动磨损的观测，及时修补。

3. 橡胶坝各部分的布置要求

（1）坝长确定。坝长的确定应与河流宽度相适应，能满足河道设计泄洪要求，单跨坝长应满足坝袋制造、运输、安装、检修及管理要求。特别注意达到设计及校核洪水标准，上、下游回水位不超过防洪限制水位，下游单宽泄量不超过允许单宽泄量。根据不同工程确定单宽流量与坝袋振动的关系，并以调节坝高为手段来控制单宽流量，以避免坝袋振动，减少下游河床的强烈冲刷。

（2）坝袋设计高度。坝袋设计高度应根据工程要求满足综合用水需要确定。坝顶高程宜高于上游正常水深 0.1～0.2m。坝顶泄洪能力按现行规范确定，但应控制坝袋充胀时溢流水深满足内压的要求，即溢流水深不应把橡胶坝压扁，下游消能设施应能满足溢流消能的要求，坝顶过流时，坝袋振动不应影响坝的正常使用。当橡胶坝充水没有达到设计内压比时，坝顶过流水深应根据坝的充胀高度和下游水位来确定，坝顶过流水深根据坝的充胀高度可以定为 0.2～0.5m。

（3）坝底板布置。坝底板尺寸布置包括坝底板高程、厚度及顺水流方向上的宽度等。坝底高程应根据地形、地质、水位、流量、泥沙、施工及检修条件等确定，宜比上游河床平均高程适当高 0.2～0.4m。坝底宽度应满足充排水（气）管检修及锚固结构布置要求。坝底板顺水流方向的宽度应按坝袋将平宽度及安装检修要求确定。

（4）防渗排水布置。防渗排水布置应根据坝基地质条件和坝上、下游水位差等因素，结合底板、消能和两岸布置考虑结构完整的防渗排水系统。

（5）消能防冲设施布置。消能防冲设施的布置要根据地基情况、运行工况等因素确定，根据橡胶坝的 3 种泄流流态（设计坝高、部分坍坝、完全坍坝）具体计算确定。

（6）两岸连接布置。坝袋与两岸连接布置应使过坝水流平顺，上、下游翼墙与岸墙两端应平顺连接，其顺水流方向长度应根据水流与地质条件确定。端墙高视布置情况而定。

（7）充排水控制设备及观测设备布置。坝袋充排水控制设备及安全观测装置均应设在控制室内，控制室布置应考虑运行管理方便，严寒或潮湿地区有防冻、防潮措施。超长橡胶坝可在左、右岸设控制系统。

（8）中墩布置。多跨橡胶坝之间应设中墩，墩高不小于坝顶溢流水头，墩长应大于坝袋工作状态的长度。墩厚满足侧向稳定和布设超压溢流管要求。

（9）其他。在枯水期流量较大河流上的橡胶坝工程应考虑检修时导流方式。对超长橡胶坝应考虑检修交通方式，尽量布设永久性交通桥，可考虑轻型钢结构。

子任务三　橡胶坝的设计

橡胶坝工程设计包括橡胶坝泄洪能力计算、坝袋设计、锚固结构设计、控制系统设计和土建工程设计等。

一、泄洪能力计算

橡胶坝属于低水头水工建筑物，其规划、设计、施工和运行管理应尽量遵循综合利用水资源的原则。进行橡胶坝总体布置、消能防冲设计、泄洪能力分析、坝袋设计、锚固结构设计、运行管理，除考虑一般要求外，还必须考虑橡胶坝本身的特点和使用条件。

橡胶坝泄流能力计算可按堰流公式计算，流量系数 m 介于宽顶堰和实用堰之间。坝袋完全坍平时，可视作宽顶堰；坝袋充胀时，可视为实用堰。在运用过程中，流量系数根据锚固条件和袋内介质情况采用不同公式计算。

二、坝袋设计

进行坝袋设计时，首先要选择坝袋的设计内外压比 α 和坝袋强度设计安全系数。

坝袋的设计内外压比 $\alpha = H_0 / H_1$，其中 H_0 为坝袋内压水头，H_1 为设计坝高。当橡胶坝的设计高度一定时，α 值越大，坝袋外形越挺拔，所需的坝袋布周长和坝袋容积越小，由于坝袋贴地长度短，所需基础等设备的造价可降低，但其坝袋胶布的拉力也越大，随之坝袋造价就越高。因此，因结合运用角度选用内外压比，当坝高较小时，为节省坝袋材料，可用较大值；当坝较大时，宜用较小值。

坝袋强度设计安全系数，为坝袋抗拉强度与坝袋设计计算强度之比。坝袋强度设计安全系数设计因素复杂，规范规定采用单一安全系数法。坝袋强度设计安全系数充水坝应不小于 6.0，充气坝应不小于 8.0。

坝袋外形尺寸计算目的是确定坝袋各部位尺寸和坝袋单宽容积，可以用数解法进行计算，也可以用查表法确定。

三、锚固结构设计

橡胶坝依靠充胀的袋体挡水并承担各种荷载，这些荷载通过坝袋胶布传递给设置在基础底板上的锚固系统。锚固系统是橡胶坝能否安全稳定运行的关键部件之一。锚固结构形式可分为螺栓压板锚固、楔块挤压锚固及胶囊充水锚固三种，应根据工程规模、加工条件、耐久性、施工、维修等条件，经综合比较后选用。锚固构件必须满足强度与耐久性的要求。

四、控制系统设计

橡胶坝充排水控制系统设计主要包括动力设备选型及管道计算。

动力设备水泵的选型就是确定泵的流量和扬程。泵的流量由坝袋充水容积、水泵台数、充坝或坍坝时间确定；水泵扬程为水泵出水管管口高程减去水泵吸水管最低水位加上吸水管和压力管间的水头损失。

管道直径的计算：

$$D=\sqrt{\frac{4Q}{\pi v}} \tag{9-1}$$

式中 Q——管段内最大计算流量，m^3/s；

  v——管道采用的计算流速，m/s，吸水管中的流速在 $1.2\sim2.0m/s$，压力水管中的流速在 $2.0\sim5.0m/s$。

五、土建工程设计

橡胶坝土建工程设计与水闸基本相同，可根据坝的设计条件、水工总体布置分别验算其强度、防渗、抗滑、稳定等。在此，仅对不同于水闸的土建工程进行介绍。

1. 坝底板结构

（1）坝底板顺水流方向长度 L_d 用式（9-2）和式（9-3）计算，适用于对称布置、双向坍落、双锚固的橡胶坝。

$$L_d=L+L_1+L_2+2L_3 \tag{9-2}$$

$$L_3=\frac{L_0-L}{2} \tag{9-3}$$

式中 L_d——坝底板顺水流方向长度，m；

  L——坝袋底垫片有效长度，m；

 L_1、L_2——上、下游安装检修通道，一般取 $0.5\sim1.0m$；

  L_3——坝袋坍落贴地长度，m；

  L_0——坝袋的有效周长，m。

（2）作用在橡胶坝底板上的设计荷载。包括基本荷载和特殊荷载。基本荷载包括结构自重、水重、正常挡水位或坝顶溢流静水压力、扬压力（包括浮托力和渗透压力）、土压力、风荷载、泥沙压力等。特殊荷载包括地震荷载及温度荷载。

（3）底板厚度。根据地基条件、坝高及上下游水位差等确定其地下轮廓时，依据 SL 265—2016《水闸设计规范》进行应力分析。

先初拟底板厚度。

$$d=\sqrt{\frac{KM_{max}}{0.0045\delta}} \tag{9-4}$$

式中 d——底板的初始厚度，m；

 M_{max}——可能出现的最大弯矩，$kN\cdot m$；

  K——安全系数，取 $K=1.8$；

  δ——钢筋屈服强度，kN/m^2。

设计规范规定，按照不同上托力作用而浮起的原则，来确定底板的厚度 d。

$$d\geqslant\frac{4}{3}\frac{U-W}{\gamma_c-1.0} \tag{9-5}$$

式中 U——扬压力，kN；

W——上部水重，kN；

γ_c——钢筋混凝土重度，kN/m^3。

最终确定底板厚度。橡胶坝底板形式多采用平底板。其底板厚度计算应根据不同地质条件和结构分缝情况，分别计算底板和边坡底板的纵向强度和横向强度，而不能仅计算一个方向，忽略另一个方向。橡胶坝底板分缝应考虑沉降、伸缩，其永久缝间距在岩基和土基上要求可适当比水闸放宽，以便增加底板的整体性，但应满足应力要求且节省投资。而橡胶坝底板厚度明显低于水闸，一般为 0.3～1.0m。

（4）岸墙与中墩。岸墙与中墩是橡胶坝进行边锚和充胀坝袋成密封状的重要组成部分。其设计高度应首先满足坝袋锚固布置的要求，同时要高于坝顶溢流时最高溢流水位。岸墙有直墙和斜墙两种形式。岸墙（中墩）的计算与底板基本相同，各种情况下的平均基底压力不大于地基容许承载力，基底应力的最大值与最小值之比以及抗滑安全系数都不应小于容许值。岸墙与中墩一般与坝底板连成整体，坝底板分缝根据地基条件确定，分缝起沉降和伸缩作用。

2. 坝底板构造措施

（1）坝底板上、下游一般设置齿墙，一方面起到抗滑和增加刚度的作用，另一方面起到延长渗径的作用。

（2）坝底板顶高程在满足泄洪流量要求的前提下，可适当抬高，一般比河床抬高 0.2～0.5m，这样一方面可以满足坝袋检修时的水上工作条件，另一方面可防止过坝水将推移质泥沙卷入坝袋底部。

（3）坝底板与岸墙（中墩）连体部分考虑充水橡胶坝两端部分的坍肩问题，设计时一般设置垂直水流方向的坡度，坡比根据不同坝高对应的坍肩值确定，或者依据需要的抬高值确定。抬起坡度一般在 1:10 左右。

（4）充排水管路及观测管路若布设在底板内，宜采取与底板整体浇筑与防护，应尽量减小对坝底板的影响。

（5）为防止推移质泥沙对坝底板摩擦和冲刷，坝底板表层可选用钢纤维混凝土，以对抗磨蚀。

（6）中墩及岸墙与坝袋接触部分，应做成光滑度高的接触面，以减少坝袋坍落过程的摩阻力。一般采用环氧砂浆二次找平磨光，或贴大理石面板、光面塑料板、不锈钢板、水磨石等。

3. 消能防冲措施

消能防冲设计包括消力池、海漫、防冲槽设计，需要注意以下几个方面：

（1）水流衔接状态的判断。坍坝泄洪时，由于控制运用方式与水闸不同，其计算工况包括的内容与水闸不同。但是否需要修建消力池的判断依据与水闸相同，可以根据溢流水深、流量、水位差、下游水深、流速等因素，计算收缩断面水深 h_c 的共轭水深 h_c''，将其与下游水深 h_t 进行比较。当 $h_t > h_c''$ 时，产生淹没水跃，无需设消力池；当 $h_t < h_c''$ 时，产生远驱式水跃，需设置消力池，并配合辅助消能设施。特别是未完全坍坝坝顶溢流的控制运用，其消能设施需结合溢流水深（控制水深）、地质条件进行分析。

（2）根据橡胶坝运行时的外形变化、水流衔接状态，经与同类水闸消能防冲计算比较，在泄量相同的条件下，橡胶坝消能设施可简化，甚至可不需设置消力池。但为检修方便，便于河流挟带砂石下排，减少坝袋振动和磨损，也常将底板与消力池底板上部连成斜坡。

（3）调节闸（冲沙闸）与橡胶坝结合的枢纽工程，一方面要考虑调节闸的泄洪流量对橡胶坝消能工的有利影响（可提前建立坝下水位）；另一方面要在调节闸（冲沙闸）与橡胶坝间设隔离导流墙，以便调节闸与橡胶坝能单独运用。

（4）多跨橡胶坝，由于在大流量防洪河道上，其控制运用要结合总体布置，尽量避免单跨泄流运用。而频繁运行坝段要采取加强措施（包括坝袋标准、锚固材料标准的提高）。其消能工要根据工程标准及所在位置的重要性优选。

（5）对砂土基河床上的橡胶坝，应特别注意由于河床演变及采砂等人为影响因素对坝下消能的影响，包括采砂等造成坝下水位降低值的预测，河床自然演变对橡胶坝所处河段的坝下游水位降低的分析，并注意防止横向折冲水流对坝下消能防冲设施的不利影响。

习　　题

简答题

1. 橡胶坝的特点是什么？橡胶坝的适用范围是什么？
2. 橡胶坝如何分类？橡胶坝由哪几部分组成？各组成部分的作用是什么？
3. 橡胶坝的坝址如何选择？橡胶坝如何布置？
4. 橡胶坝消能防冲设计应注意哪些问题？

任务十 自动翻板闸

知识要求：认识自动翻板闸，掌握自动翻板闸的特点及工作原理。

技能要求：掌握自动翻板闸的特点及工作原理。

子任务一 认识水力自动翻板闸

一、基本概念

水力自动翻板闸（图 10-1）是根据闸前水位的变化，依靠其水力平衡作用自动控制闸门开启和关闭的一种闸门，运行过程中无撞击，是一种双支点双臂带连杆的闸门，由闸门、转动铰、支墩及底板组成，在中、小型工程上应用的相当广泛。这种闸门的基本原理是杠杆平衡与转动，利用作用在闸门上的水压力与闸门的自重来作为启闭闸门的动力，因此无须其他外加能源，无须其他启闭机械、启闭机架与闸房，也不需要泵房。

图 10-1　水力自动翻板闸

二、适用条件

水力自动翻板闸适用于各种河宽的闸坝工程。目前水力自动翻板闸门的高度一般不超过 6m，与门下的坝体配合还可适用于各种水头的工程。主要用于航运、发电、防洪、灌溉、给水和改善环境。具体如下：

（1）用于通航枢纽的拦河闸坝，能确保上游航道的通航水深。

（2）洪水暴涨暴落的山区河道上的闸坝，能准确及时地自动开启闸门泄洪，又能准确及时地自动回关保水，还能够使洪水挟带推移质顺利过闸。

（3）用于平原河道上的低水头水闸，能准确及时地自动开启泄洪与自动回关保水，还能使泥沙顺利过闸，减缓淤积速度，延长工程使用年限。

（4）用于水库溢洪道上，以增加库容及发电水头，效益显著。

（5）用于城市园林工程，水流从门顶越过形成人工瀑布，瀑布上游是人工湖。

（6）结合城市防洪，用于城市河道的综合治理与水环境改善。

（7）用于城市或企业的给水工程，能确保取水建筑物的水深与取水流量。

（8）与闸门下的坝体配合，可适用于各种水头的工程。

总之，自动翻板闸在城市生态工程、市政工程上大量使用，但不宜用于重要的防洪排涝工程。

三、工作原理

水力自控翻板闸的启闭原理是杠杆平衡与转动。当作用在闸门门叶上的水压力和水流对闸门门叶的摩擦力对转动中心的力矩的和大于闸门门叶自重和运转机构的阻力对转动中心的力矩的和时，闸门开启度自动加大，直到这两组力矩和相等时，闸门在新的开启度位置上保持平衡；当作用在闸门门叶上的水压力和水流对闸门门叶的摩擦力以及运转机构的阻力对转动中心的力矩的和小于闸门门叶自重对转动中心的力矩时，闸门开度自动减小，直到这两者相等时，闸门在新的较小开度位置上保持平衡。因此，当洪水到来时，水力自控翻板闸门能够随上游水位的升高而准确及时地自动逐渐开启泄流；当来流量增大、上游水位升高时，闸门会准确及时地自动加大开度；当来流量减少、上游水位下降时，闸门会准确及时地自动减小开度，使洪水过程结束时能够及时回关至全关状态，从而能够保住水资源不被白白的流失。

水力自动翻板闸门的运行情况如下：闸门全关蓄水时如图10-2所示。小洪水来时，上游水位略有升高，闸门自动开启成一定倾角的小开度泄流（门顶、底出流），门底水流速较大，可将泥沙冲向下游，如图10-3所示。洪水流量增大时，上游水位继续升高，到一定程度，闸门自动增大开度（门顶、底出流）泄流，门下水流速加大，冲沙能力加强，如图10-4所示。洪水流量增大到一定程度，上游水位相应升高，闸门自动倒成一定角度支承在支墩上（全开泄流），此时流量系数较大。洪水流量大幅加大，上游水位的继续升高也很微小（流量系数随流量的增加而增加），如图10-5所示。

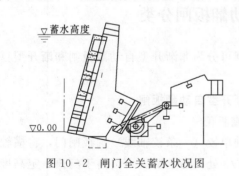

图10-2　闸门全关蓄水状况图

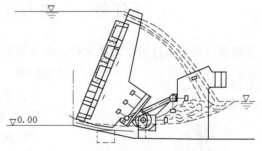

图10-3　闸门小开度泄流状况图

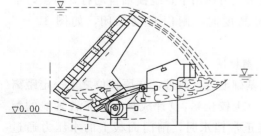

图10-4　闸门大开度泄流状况图

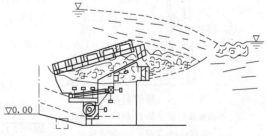

图10-5　闸门全开度泄流状况图

四、自动翻板闸特点

1. 运行特点

（1）随上游来水流量的增加（或减少）及时地自动加大（或减少）闸门开度。

（2）在洪水过程结束时，能够及时地拦截洪水尾水。

（3）闸门启动后，形成门顶、门底同时过流，门顶溢流能使漂浮物顺利过闸，门底射流流速高，便于推移质过闸。但门叶处于流水之中，容易发生磨损、撞击和振动等不良现象。

（4）同一枢纽上的所有翻板闸门能够在水力作用下同步开启，不会发生单宽流量集中的现象。

（5）相邻翻板闸门之间一般不需要设置闸墩。

（6）无须另外的启闭设备。

（7）运用水头较小，一般不超过 6m。

2. 结构特点

（1）水力自动翻板坝的上、下游连接段与常规的开敞式水闸（设平板闸门或弧形闸门）相同，闸室与两岸多采用非溢流坝或刺墙连接。

（2）从闸门的运行稳定性考虑，闸门门叶要有比较大的自重，闸门门叶的材质一般采用钢筋混凝土，闸门采用双悬臂式结构。

（3）门叶由面板和支腿组成，通过运转机构被支承在支墩上。由于作用在面板上的水压上小下大，因此面板由钢筋混凝土预制构件组成，上部设计成槽形板，而下部设计成矩形板。

水力自控翻板闸门只能在一两种水位组合下工作，不能任意调节水位或流量；且在刚开门时，下游流量骤增，对河床有较严重的冲刷作用，特别是孔数较多时，容易在各孔开启不一致的情况下形成集中泄流而加重冲刷，因而陆续出现了液压驱动或机械驱动的翻板闸门。

子任务二　水力自动翻板闸分类

根据闸门在运行过程中的稳定性，自动翻板闸可分为非渐开型自动翻板闸和渐开型自动翻板闸。

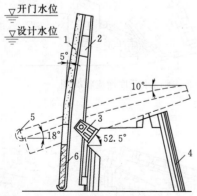

图 10 - 6　单铰翻板闸
1—木面板或钢筋混凝土面板；2—钢板；
3—支铰；4—支墩；5—配重块；
6—钢筋混凝土面板

一、非渐开型自动翻板闸

1. 单铰翻板闸

采用横轴单铰（一条铰轴线）翻板闸门，将横轴置于门高的 1/3 处，当上游洪水位高于门顶一定高度时，闸门在水压力作用下，绕横轴自动打开泄洪，水位降至一定高度时，闸门自动关闭，如图 10 - 6 所示。

2. 双铰翻板闸

在单铰基础上进行改进，在原铰位之上一定距离再增加铰位（上铰位），设计成具有两条铰轴线的翻板闸门。在正常挡水时，闸门面板上的水压力通过 1/3 门高处的下铰位传递到支墩上。当上游洪水位高于门顶一定高度时，闸门在水压力作用下，绕下铰轴自动开启泄洪，并随着闸门的转动而将支承铰位转换成上铰位；退水时，当上游水位下降到指定高程时，由于闸门自重对上铰轴的力矩大于水压力对上铰轴的力矩与阻力对上铰轴的力矩之和，从而使闸门能够实现在设定的水位下自动回关，如图 10-7 所示。

3. 多铰翻板闸

为了减小铰位变换时闸门倾角的大幅度突变，从分解倾角突变幅度的思路出发，将高程不同的两个铰轴改变成高程不同的多个铰轴。单铰、双铰翻板闸适用一种指定的水位组合条件，多铰自动翻板闸适用几种指定的水位组合条件，如图 10-8 所示。

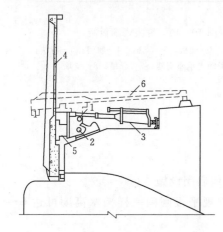

图 10-7　双铰轴加油压减震器翻板闸
1—上轴；2—下轴；3—油压减震器；4—带肋
面板；5—主梁；6—闸门全开位置

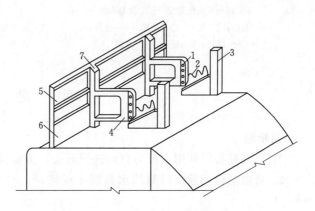

图 10-8　多铰翻板闸
1—铰轴；2—轴槽座；3—支墩立柱；4—支腿；
5—上部钢筋混凝土空心面板；6—下部
钢筋混凝土空心面板；7—大纵梁

二、渐开型自动翻板闸

1. 滚轮连杆式翻板闸

闸门在运行过程中有无限条铰轴，铰位变化是连续的、渐进的，并且闸门在运行中的任何位置都是在每个支墩上呈双支点受力状态，从而提高了闸门在运行过程中的稳定性。滚轮连杆式翻板闸是目前用得最广的一种自动翻板闸。滚轮连杆式翻板闸由门叶、支墩、滚轮、连杆等部件组成，支墩支承闸板自重和水压力，布置在溢流坝面上。闸门全开后，对过流的影响小。它具有造价低、构造简单、运行可靠、无故障、使用寿命长、管理简便、维修方便等特点。门叶由槽形板和矩形板与支腿连接构成。上轻下重，设有肋条以便和支腿翼缘连接。面板由支腿支承，并用螺栓连接。滚轮及轨道承受着上游水压力、门叶重、轨道重、摩擦阻力等荷载，轨道采用轨道钢，用螺栓与支腿连接。根据滚轮中心坐标和闸门各控制点坐标来布置支墩，支墩采用预制钢筋混凝土，支墩埋入坝体与坝面钢筋混凝土连成整体，如图 10-9 所示。

2. 滑块式翻板闸

用滑动摩擦替代滚动摩擦，用面接触替代理论上的线接触，从而大大提高闸门的运行稳定性，如图 10-10 所示。

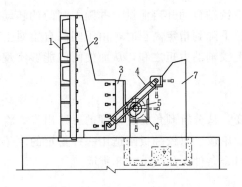

图 10-9 滚轮连杆式翻板闸

1—面板；2—支腿；3—轨道；4—连杆；
5—滚轮；6—轮座；7—支墩

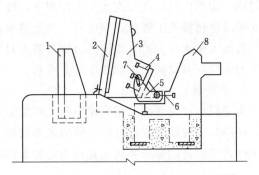

图 10-10 滑块式翻板闸

1—防护墩；2—面板；3—支腿；4—轨道；5—滑块；
6—滑动支承座支腿；7—导槽；8—支墩

习　题

判断题

1. 自动翻板门利用水压力自动进行开关，无需其他启闭设施。（　　　）

2. 目前的自动翻板门的挡水高度不受限制，与常规平板闸门一样挡水高度可达 6～8m。（　　　）

3. 自动翻板闸和橡胶坝一样，相邻翻板闸门之间一般不需要设置闸墩。（　　　）

4. 自动翻板门在开启泄洪的过程中，门顶和门底均可以过流。（　　　）

任务十一　船　　闸

知识要求：掌握船闸作用、组成、分类，以及船闸的工作原理。

技能要求：了解船闸的引航道布置、船闸的布置形式、船闸的结构形式、船闸的输水系统的主要形式。

子任务一　船 闸 的 认 识

船闸是通过闸室的水位自动上升或下降，分别与上游或下游水位齐平，从而使得船舶克服航道上的集中水位落差，从上游（下游）水面驶向下游（上游）水面的专门建筑物。

一、船闸的组成

船闸一般由闸室，上、下游闸首，引航道等基本部分组成，如图 11-1 所示。

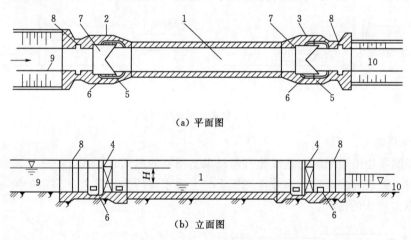

（a）平面图

（b）立面图

图 11-1　船闸示意图

1—闸室；2—上闸首；3—下闸首；4—闸门；5—阀门；6—输水廊道；
7—门槛；8—检修门槽；9—上游引航道；10—下游引航道

1. 闸室

闸室是指由上、下闸首和两侧边墙所组成，通过船闸的船舶可在此暂时停泊的空间。闸室是船闸的主要组成部分，主要由浆砌石、钢筋混凝土闸底板和闸墙构成，可以是整体式，也可以是分离。闸室可保证过坝（闸）船只的安全，闸墙上须设系船柱或系船环。

2. 闸首

闸首是将闸室与上、下游引航道隔开的挡水建筑物，一般由侧墙和底板组成。位于上游的叫上闸首，位于下游的叫下闸首。在闸首内设有工作闸门、检修闸门、输水系统（输水廊道和输水阀门等）及启闭机械等设备。船闸的闸门常用人字闸门。

3. 引航道

引航道是指保证过闸船舶安全进出闸室交错避让和停靠用的一段航道。与上闸首相连接的叫上游引航道,与下闸首相连接的叫下游引航道。

在引航道内一般设有导航和靠船建筑物。导航建筑物与闸首相连接,其作用是引导船舶顺利地进出闸室;靠船建筑物与导航建筑相连接,布置于船舶过闸方向的一岸,其作用是供等待过闸船舶停靠使用。

二、船闸的类型

(一)按船闸级数分

1. 单级船闸

沿船闸纵向只建有一级闸室的船闸,如图 11-2 所示。这种形式的船闸,船舶通过时,只需要进行一次充泄水即可克服上、下游水位的全部落差,一般适用于 15~20m 的水头。

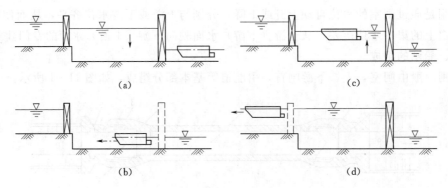

图 11-2　船舶过闸程序示意图

2. 多级船闸

多级船闸是指沿船闸纵向连续建有两级以上闸室的船闸,如图 11-3 所示。船舶通过多级船闸时,需进行多次充泄水才能克服上、下游水位的全部落差。多级船闸一般适用于 15~20m 以上水头的情况。

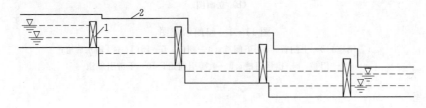

图 11-3　多级船闸示意图
1—闸门;2—闸墙顶

(二)按船闸的线数分

1. 单线船闸

单线船闸的特点是在一个枢纽内只建有一条通航线路的船闸。一般情况下,大多采用这种形式。

2. 多线船闸

多线船闸是指在一个枢纽内建有两条或两条以上通航线路的船闸。图 11-4 为葛洲坝水利枢纽三线船闸。当通过枢纽的货运量巨大，采用单线船闸不能满足通过能力要求时，或船闸所处河段的航道对国民经济具有特殊重要意义，不允许因船闸检修而停航时才修建多线船闸。

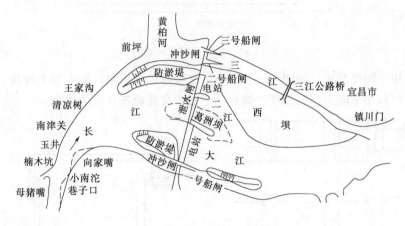

图 11-4　葛洲坝水利枢纽三线船闸布置示意图

在双线船闸中，可将两个船闸的闸室并列，而在两个闸室之间采用一个公共的隔墙，如图 11-5 所示。这时可利用隔墙设置输水廊道，使两个闸室相互连通，一个闸室的泄水可以部分地用于另一个闸室的充水。因此，可以减少工程量和船闸用水量。

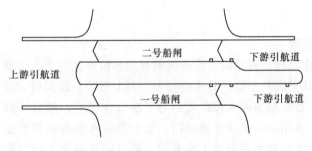

图 11-5　闸室并列双线船闸布置示意图

（三）按闸室形式分

1. 广厢式船闸

广厢式船闸主要特点是闸首口门的宽度小于闸室的宽度（图 11-6），主要适用于小型船只过坝。

2. 具有中间闸首的船闸

在上、下闸首之间增设一个中间闸首，将一个闸室分为前、后两部分（图 11-7），当所通过的船舶较小时，可只用闸室的前半部或后半部；当通过较大的船舶或船只较多时，可将前、后闸室连为一体使用。这种船闸适用于过闸船只数量、大小不均一的情况。

3. 竖井式船闸

在闸室的上游侧设有较高的帷墙，而在下游侧设有胸墙，船舶在胸墙下的净空通过，

（a）对称式

（b）反对称式

图 11-6　广厢式船闸示意图

下游闸门采用平面提升式，如图 11-8 所示。这种形式的船闸，用于水头较高、地基良好的情况，可以减小下游闸门的高度。其适用于水头高且地基良好的情况。

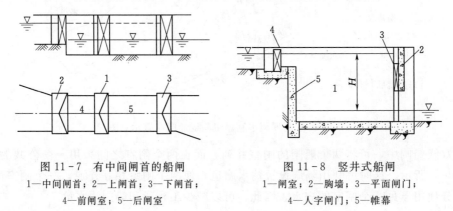

图 11-7　有中间闸首的船闸

1—中间闸首；2—上闸首；3—下闸首；

4—前闸室；5—后闸室

图 11-8　竖井式船闸

1—闸室；2—胸墙；3—平面闸门；

4—人字闸门；5—帷幕

三、船闸工作原理

船只过坝的工作原理是利用输水设备使闸室内水位依次与上、下游齐平，使船只顺利从上游到下游，或从下游到上游。具体过程为：当上行船只过闸时，首先通过下游输水设备将闸室内水位泄放到与下游水位齐平，然后开启下游闸门，船只驶入闸室后关闭下游闸门，由上游输水设备向闸室充水，待水面与上游水位齐平后开启上游闸门，船只离开闸室上行。若有船只下行则需先关闭上游闸门。调节水位后，再开启下游闸门，让船只下行。

扫码查
船闸工
作原理

习　题

简答题

1. 理解船闸的组成及各组成部分的作用。

2. 简述船闸的工作原理。

任务十二　水闸识图与工程量计算

知识要求：掌握水利工程工程项目的列项和水利工程工程量计算规则。

技能要求：会进行水闸工程工程量计算。

子任务一　水利水电工程工程量计算基础知识

水利水电工程各设计阶段的工程量，对于优选设计方案和准确预测各设计阶段的工程投资非常重要，是设计工作的重要成果和编制工程概预算的主要依据。工程量计算的准确与否，是衡量设计概预算质量好坏的重要标志之一。

水利水电工程的设计阶段依次分为项目建议书、可行性研究报告、初步设计、施工图设计。各设计阶段的工程量均为图纸工程量乘以设计阶段系数。

一、工程量的计算依据

水利水电工程工程量计算依据为工程设计图纸及说明书、施工组织设计或施工方案，以及 SL 328—2005《水利水电工程设计工程量计算规定》。

二、工程量计算顺序

1. 按施工顺序计算

按照施工顺序的先后次序来计算工程量，如水闸工程按土方、基础、闸底板、闸墩、交通桥、排架、工作桥、启闭机房等顺序进行计算。

2. 按定额顺序计算

按定额顺序计算工程量法就是按照水利部门编制的定额中规定的分章或分部分项工程顺序来计算工程量，这种方法很适合初学工程量计算人员。

特别注意的是，在工程量计算时，不论采用哪种方法计算，都不能有漏项少算和重复多算的现象发生。

三、工程量计算步骤

（1）粗略浏览工程的平面图、立面图和剖面图。

（2）根据工程内容和计量规则中规定的项目列出须计算工程量的分部分项工程。

（3）根据计算顺序和计算规则列出计算式。

（4）根据设计图纸的要求确定有关数据代入计算式进行计算。

（5）对计算结果的计量单位进行调整，使之与计量规则中规定的相应分部分项工程的计量单位保持一致。

1. 项目划分

按照不同设计阶段设计报告编制规程的要求，永久工程和主要施工临时工程的工程量，均应符合《水利工程设计概（估）算编制规定》和《水利水电工程设计工程量计算规定》中工程项目划分的要求。

根据水利工程性质，其工程项目分别按枢纽工程、引水工程及河道工程划分，工程各部分下设一、二、三级项目。在编制概预算时，二、三级项目可根据水利工程初步设计编制规程的工作深度要求和工程情况增减或再划分。

以三级项目为例，一般根据具体的水利工程设计图纸按以下原则进行详细划分：

（1）土方开挖工程。应将土方开挖与砂砾石开挖分列。

（2）石方开挖工程。应将明挖与暗挖，平洞与斜井、竖井分列，如一般石方开挖、隧洞石方开挖、竖井石方开挖。

（3）土石方回填工程。应将土方回填与石方回填分列。

（4）混凝土工程。应将不同工程部位、不同标号、不同级配的混凝土分列，如C20混凝土闸墩（3级配）、C25混凝土排架（2级配）。混凝土的级配根据构件所在部位及设计图纸尺寸合理选取。

（5）模板工程。应将不同规格形状和材质的模板分列，如普通木模板安装与拆除、曲面模板安装与拆除。

（6）砌石工程。应将干砌石、浆砌石、抛石、铅丝（钢筋）笼块石等分部位分列，并且要列出浆砌石中砂浆的标号，如干砌块石护坡、M7.5浆砌块石挡土墙、M7.5浆砌块石基础、M10浆砌块石槽墩。

（7）钻孔工程。应按使用不同钻孔机械及钻孔的不同用途分列。

（8）灌浆工程。应按不同灌浆种类分列。

（9）机电、金结设备及安装工程。应根据设计提供的设备清单，按分项要求逐一列出。

（10）金结设备及安装工程中的钢管制作及安装工程。应将不同管径的一般钢管、叉管分列。

2. 阶段系数

图纸工程量按照建筑物或工程设计图纸几何结构轮廓尺寸计算。各设计阶段计算的图

扫码查工程量阶段系数

纸工程量乘以设计阶段系数后，作为设计工程量提供给造价专业人员编制工程概（估）算。阶段系数为变幅值，可根据工程地质条件和建筑物结构复杂程度选取，复杂的取大值。施工图设计的工程量阶段系数为1.0，其余各设计阶段的工程量阶段系数详见资料。

四、工程量计算原则

1. 永久工程建筑工程量计算

（1）土石方开挖工程量以实体方量计量。应按岩土分类级别分别计算，并将明挖、暗挖分开。明挖宜分一般、坑槽、基础、坡面等，暗挖宜分平洞、斜井、竖井和地下厂房等。

（2）土石方填（砌）筑工程工程量以建筑物实体方计量。具体应符合下列规定：

1）土石方填筑工程量应根据建筑物设计断面中不同部位不同填筑材料的设计要求分别计算。

2）砌筑工程量应按不同砌筑材料、砌筑方式（干砌、浆砌等）和砌筑部位分别计算。

（3）混凝土工程量计算应以成品实体方计量。钢筋混凝土的钢筋可按含钢率或含钢量

计算。钢筋工程计算在项目建议书、可行性研究、初步设计阶段可按含钢率或含钢量计算，在施工图设计阶段利用配筋图逐根进行钢筋重量计算，然后逐根钢筋汇总。

混凝土结构中的钢衬工程量应单独列出。碾压混凝土宜提出工法，沥青混凝土宜提出开级配或密级配。

（4）模板以混凝土立模面积计量。应根据建筑物结构体形、施工分缝要求和使用模板的类型分类进行计算。

（5）钻孔灌浆工程量计算应符合下列规定：

1）基础固结灌浆与帷幕灌浆的工程量以米计量。自起灌基面算起，钻孔长度自实际孔顶高程算起，其钻孔和灌浆工程量根据设计要求以米计。

2）回填灌浆工程量按设计的回填接触面积计算。

3）接触灌浆和接缝的工程量，按设计所需面积计算。

（6）混凝土地下连续墙的成槽和混凝土浇筑工程量应分别以面积计算，并应符合下列规定：

1）成槽工程量按不同墙厚、孔深和地层以面积计算。

2）混凝土浇筑的工程量按不同墙厚和地层以成墙面积计算。

（7）锚固工程量可按下列要求计算：

1）锚杆支护工程量，按锚杆类型、长度、直径和支护部位及相应岩石级别以根数计算。

2）预应力锚索的工程量按不同预应力等级、长度、形式及锚固对象以束计算。

（8）喷混凝土工程量应按喷射厚度、部位及有无钢筋以体积计，喷浆工程量应根据喷射对象以面积计。

（9）混凝土灌注桩的钻孔和灌筑混凝土应分别计算，并应符合下列规定：

1）钻孔工程量按不同地层类别以钻孔长度计。

2）灌筑混凝土工程量按不同桩径以桩长度计。

所有土建工程量数量除钢筋制安保留两位小数外，其余均取整数。

2．金属结构工程工程量计算

（1）水工建筑物的各种钢闸门和拦污栅工程量以吨计，启闭设备工程量以数量（台、套）计，但应列出设备重量（吨）。

（2）压力钢管工程量应按钢管形式（一般、叉管）、直径和壁厚分别计算，以吨计。

3．临时工程工程量计算

（1）施工导流工程工程量计算要求与永久水工建筑物计算要求相同，其中永久与临时结合部分应计入永久工程量中，阶段系数按施工临时工程计取。

（2）施工临时公路工程量可根据相应设计阶段施工总平面布置图或设计提出的运输线路，分等级计算公路长度或具体工程量。

（3）施工供电线路工程可按设计的线路走向、电压等级和回路数计算。

学习 SL 328—2005《水利水电工程设计工程量计算规定》请扫二维码。

扫码学规范

子任务二 水闸识图与计量

水闸由上游连接段、闸室段、下游连接段组成。本任务对闸室段进行工程量的计算。

一、识读闸室图纸

要准确计算工程量，必须看懂相应部分图纸、正确完整地列出工程项目和掌握各项目的计量规则。由前面任务，引例水闸的设计全部完成，根据前面的计算分析结果，详细、准确画出闸室部分平面图、立面图、剖面图、闸墩平面图（图12-1～图12-4），以及上部结构细部图（图5-15和图5-16）。

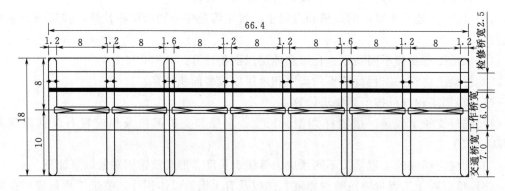

图12-1 闸室平面图（单位：m）

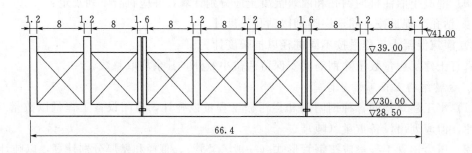

图12-2 闸室立面图（单位：m）

二、列出工程量计算项目

工程项目即概预算中"建筑工程概预算表"中的"工程或费用名称"，其列项应严格按照水利工程计量规定和水利工程概预算定额列出。列出工程项目的基本方法和步骤是：①先读懂图纸，认识部位名称，用水利工程专业名称准确说出工程名称，如水闸底板、闸墩、排架等；②从图上直接读出各部位的材料，如C20混凝土，M7.5浆砌石；③将材料名称置于工程名称前组成完整的工程项目列项，如C20混凝土水闸底板。

列工程项目时应注意：①不能漏项，如有现浇混凝土必须要有模板；②钢筋混凝土中的钢筋应单独列项；③按土建、金属结构、机电设备进行分类。列出水闸闸室部分工程项

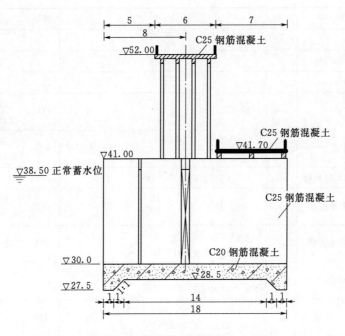

图 12 - 3　闸室剖面图（单位：m）

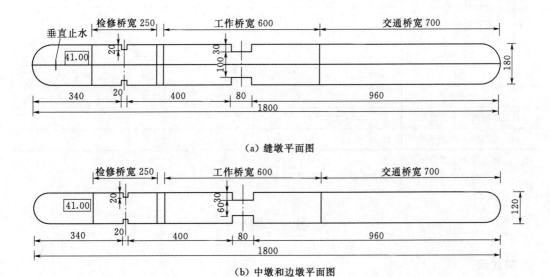

图 12 - 4　闸墩平面图（单位：高程 m，尺寸 cm）

目，见表 12 - 1 的第（1）～第（3）列。

三、用 Excel 列表进行计算

依据相应设计图和工程量计量规定对各争项工程进行工程量计算。见表 12 - 1 第（4）～第（6）列。

表 12-1   **水闸闸室工程工程量表**

序号	工程或费用名称	单位	计 算 公 式	数量	备 注
(1)	(2)	(3)	(4)	(5)	(6)
	闸室段（长 66.4m）				
一	土建部分				
1	土方开挖	m^3	36.3×66.4	2410	由开挖剖面图得开挖面积 60.3m^2
2	黏土回填	m^3	3.13×2×66.4	416	剖面图中回填面积 3.13m×2m
3	C20 钢筋混凝土闸底板	m^3	(18×1.5+3×1)×66.4	1992	
4	C25 钢筋混凝土闸墩	m^3	609+1368	1977	闸墩高为高程 91.20m 至 99.10m
(1)	C25 钢筋混凝土缝墩	m^3	3.14×0.8^2+1.6×(18-1.6)-0.2×0.2 ×2-0.8×0.3×2)×11×2	609	2 个缝墩
(2)	C25 混凝土中墩及边墩	m^3	3.14×0.6^2+1.2×(18-1.2)-0.2×0.2 ×2-0.8×0.3×2)×11×6	1368	4 个中墩加 2 个边墩
5	C25 钢筋混凝土交通桥	m^3	(0.4×0.7×3+0.85×0.2×2+5.3×0.2 +0.1×0.1×2)×66.4	150	
6	C25 钢筋混凝土工作桥	m^3	(6×0.2+0.8×0.3×4)×66.4	143	
7	C25 钢筋混凝土排架	m^3	0.4×0.4×10×(51-41)	16	排架高 10m
8	模板制安与拆除	m^2	0.4×4×10×(51-41)+(6+0.2×2)× 66.4+(7+0.3×2+1.4×3)×66.4	1368	含排架、工作桥、交通桥模板
9	钢筋制安	t		180.42	
10	栏杆	m		266	
二	金结部分				
	平板闸门（含埋件）	t	19.6×7	137	7 扇
	QPQ-2 40 启闭机	台		7	

注 1. 工程量未考虑设计阶段系数。

    2. 工作桥和交通桥工程量分别根据图 5-15 和图 5-16 计算得出。

习 题

简述题

1. 简述水利工程工程量计算原则。

2. 简述水利工程工程量计算步骤。

参 考 文 献

［1］ SL 265—2016 水闸设计规范 ［S］. 北京：中国水利水电出版社，2016.
［2］ SL 252—2017 水利水电工程等级划分及洪水标准 ［S］. 北京：中国水利水电出版社，2017.
［3］ SL 214—2015 水闸安全评价导则 ［S］. 北京：中国水利水电出版社，2015.
［4］ SL 191—2008 水工混凝土结构设计规范 ［S］. 北京：中国水利水电出版社，2008.
［5］ SL 379—2007 水工挡土墙设计规范 ［S］. 北京：中国水利水电出版社，2007.
［6］ 谈松曦. 水闸设计 ［M］. 北京：水利电力出版社，1986.
［7］ 刘志明，温续余. 水工设计手册：第7卷 泄水与过坝建筑物 ［M］. 2版. 北京：中国水利水电出版社，2014.
［8］ 祁庆和. 水工建筑物 ［M］. 3版. 北京：中国水利水电出版社，2001.
［9］ 毛昶熙，周名德，柴恭纯. 闸坝工程水力学与设计管理 ［M］. 北京：水利电力出版社，1995.
［10］ SL 328—2005 水利水电工程设计工程量计算规定 ［S］. 北京：中国水利水电出版社，2005.